JN261383

ポケット図鑑

都市の樹木 433

岩崎哲也

文一総合出版

目　次

本書の使い方 ……………………………………………	2
都市の樹木=「都市樹木」について …………………	4
都市樹木の効果効用 ……………………………………	4
効果効用の源は「生命」…それをささえる水 ………	5
都市樹木による生態系のゆがみ ………………………	8
樹木の防火効果 …………………………………………	11
樹木の見分け方 …………………………………………	14

図鑑ページ

裸子植物 …………………………………………………	18
被子植物 …………………………………………………	58
索引 ………………………………………………………	316

本書の使い方

本書のオススメ

　できれば 10 倍くらいのルーペを片手に、好きなように自由に使ってください。植物に出会ったとき、一番注目してほしいところに★★を、つぎに注目してほしいところに★をつけましたが、あまり気にせず、気になった大好きなところから観察してみてください。

用語について

　「花序」や「堅果」など、植物の形態を上手に表す専門的な用語は、できるだけ記載しました。難しいと思ったら気にせず「花」や「果実」などと読み飛ばしてください。

掲載順について

　裸子植物、被子植物の順に掲載しました。裸子植物は J.Reveal 、被子植物は DNA 解析にもとづく最近の植物分類体系（APG Ⅲ）を採用せず、A.Cronquist にもとづいた掲載順としました。これは旧説どおり外見的な違いを重視したからです。

ニオイヒバの葉

樹木と、五感で話しましょう

　葉をさわったときに指に伝わる感触や音、葉のにおい、枝の香り、いろいろな味など、気づいたらきっと面白いと思うことを書いてみました。私の感覚だから、人によっては違う印象があるでしょうけど良いでしょう。視覚をのぞく四感覚は、昼よりも夜、大勢より一人きりのほうが鋭くなるようです。

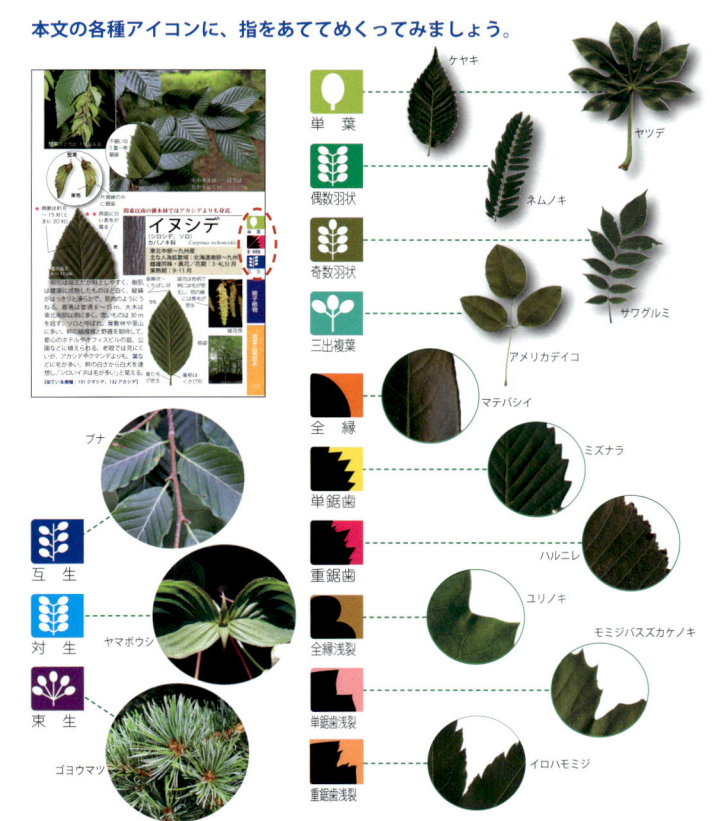

本文の各種アイコンに、指をあててめくってみましょう。

単葉 — ケヤキ
偶数羽状 — ネムノキ
奇数羽状 — サワグルミ
　　　　　ヤツデ
三出複葉 — アメリカデイコ
全縁 — マテバシイ
単鋸歯 — ミズナラ
重鋸歯 — ハルニレ
全縁浅裂 — ユリノキ
単鋸歯浅裂 — モミジバスズカケノキ
重鋸歯浅裂 — イロハモミジ

互生 — ブナ
対生 — ヤマボウシ
束生 — ゴヨウマツ

3

都市の樹木=「都市樹木」について

ナシ

ギンヨウアカシア

　この図鑑では、都市に自生する日本古来の樹木と外来樹木、植栽されている庭木および公園樹・街路樹などの緑化樹を総称して「都市樹木」と呼んでいます。私たちの生活に、もっとも身近な樹種です。

　掲載種は、かつて日本の都市樹木の形態や性質を集大成し、これを専門家向けに刊行した図鑑「都市樹木大図鑑」を参考に、近年よく植えられるようになった樹種や果樹などを加えました。

都市樹木の効果効用

トチノキ

　私たちは、樹木からさまざまな恩恵を受けています。こういった恩恵=効果効用は、どんな場合でも単一ということなく、"複合して存在"していることが特徴です。これを、"樹木による複合効果"と呼びます。

　そして、この効果効用は樹種によって差があり、樹齢や樹勢などの生育状態、季節、気象、土壌条件などに左右されます。剪定や根の切断、周囲の土壌の掘削、日照阻害、水脈の断絶など、私たち人間の活動により効果効用が損なわれることも多いのです。

ケヤキ

モミジバスズカケノキ

さまざまな都市樹木の恩恵

①生活面での効果
ヒートアイランド現象の緩和、断熱、防風、防塵、防音、脱臭、遮蔽（目隠し）、空気浄化、湿度調節、景観向上、防霧、子どもの健全な育成、心の健康、地域コミュニティなど

②人の生存上の必要性
CO_2の吸収とO_2の放出、洪水調節、震災時の避難地、防潮、延焼防止、爆発等の緩衝など

③自然的な効果
生物多様性、土壌保全など

④文化的な効果
郷土意識の涵養、観光、教育、文化活動、スポーツなど

トウカエデ

効果効用の源は「生命」…それをささえる水

　樹木の効果効用は、生物多様性など一部をのぞき、樹木が生きていることによって発揮されています。生きている樹木はみずみずしく、私たちは、そのみずみずしさを葉などの水分によって感じとります。樹葉の水分量は、樹種により著しく差があり、季節や樹木の健康度によって違います。手触りでカサカサした感触を感じるアラカシやウバメガシ、シラカシ、キンモクセイ、ソヨゴなどの葉は水分を約50％程度しか含まず、しっとりした冷たさを感じるイチョウ、フヨウ、モミジバスズカケノキ、ユリノキなどは約75％、アジサイ

イチョウ
アラカシ
ユリノキ

アジサイ

などは85％もの水分を持っています。大雑把にいえば、常緑広葉樹は含水率が低く、落葉広葉樹は高いものです。
　こうして葉などに含まれる水分は、ヒートアイランド現象の緩和や断熱、湿度調節、延焼防止など、様々な効果効用の原動力となっています。

樹葉の含水率

70%

イチョウ 74.9%
サンゴジュ 70.5%
アオキ 71.2%
サルスベリ 68.4%
ヤマモミジ 67.0%
ハナミズキ 61.5%
アカメガシワ 65.2%
クスノキ 61.9%

60%

ケヤキ 58.3%
ガマズミ 54.3%

キンモクセイ 50.5%
マテバシイ 51.3%
シラカシ 51.3%

50%

樹種	樹葉含水率%	樹種	樹葉含水率%	樹種	樹葉含水率%
アオキ	71.2	コウヨウザン	60.5	ハウチワカエデ	64.8
アオギリ	65.4	コナラ	56.3	ハクウンボク	63.1
アカシデ	61.4	コノテガシワ	57.9	ハクモクレン	73.5
アカマツ	58.7	コブシ	71.2	ハコネウツギ	72.6
アカメガシワ	65.2	サカキ	61.9	ハナズオウ	64.1
アキグミ	66.3	サザンカ	63.5	ハナミズキ	61.5
アキニレ	62.1	サルスベリ	68.4	ハリエンジュ	68.9
アスナロ	60.3	サワグルミ	67.4	ヒイラギ	56.7
アセビ	56.8	サワラ	58.2	ヒイラギナンテン	58.7
アラカシ	50.9	サンゴジュ	70.5	ヒサカキ	70.9
イイギリ	63.2	サンシュユ	72.1	ヒノキ	59.2
イスノキ	52.2	シキミ	64.6	ヒマラヤスギ	60.5
イタヤカエデ	61.7	シダレヤナギ	62.4	ヒュウガミズキ	69.8
イチジク	74.0	シナノキ	64.8	ピラカンサ類	57.6
イチョウ	74.9	シノブヒバ	61.7	ビワ	54.7
イヌツゲ	63.0	シモクレン	72.8	フウ	67.6
イヌマキ	60.9	シャリンバイ	60.4	ブナ	62.1
イロハモミジ	62.5	シラカシ	51.3	フヨウ	75.4
ウバメガシ	52.2	シリブカガシ	50.0	ホオノキ	68.7
ウメ	71.3	シロダモ	72.0	ボケ	67.0
ウワミズザクラ	65.2	スギ	62.2	ボダイジュ	61.9
エゴノキ	70.8	スズカケノキ	72.4	マサキ	64.7
エゾユズリハ	64.2	スダジイ	65.4	マテバシイ	51.3
エドヒガン	58.1	セイヨウハコヤナギ	64.0	マメツゲ	63.5
エノキ	55.8	センダン	66.4	マユミ	61.7
エンジュ	67.9	ソメイヨシノ	62.1	マルバマンサク	66.2
カイヅカイブキ	55.7	ソヨゴ	52.4	ミズキ	67.0
カクレミノ	67.8	タイサンボク	64.2	ムクゲ	73.8
カシワ	48.9	タチヤナギ	59.7	ムクノキ	56.3
カツラ	69.5	タラヨウ	58.6	ムラサキシキブ	66.0
カナメモチ	53.0	チャノキ	63.2	モチノキ	58.6
ガマズミ	54.3	ツバキ類	59.9	モッコク	65.0
カヤ	61.7	ツブラジイ	51.9	モミジバスズカケノキ	73.1
カラタチ	68.1	ツルグミ	64.9	ヤシャブシ	61.2
キョウチクトウ	70.9	ドイツトウヒ	59.4	ヤツデ	68.0
キリ	74.3	トウカエデ	57.6	ヤブニッケイ	49.2
キンモクセイ	50.5	ドウダンツツジ	64.2	ヤマグワ	72.4
クスノキ	61.9	トウネズミモチ	65.8	ヤマザクラ	64.1
クチナシ	61.6	トチノキ	62.9	ヤマハンノキ	66.9
クヌギ	56.3	トベラ	61.8	ヤマモミジ	67.0
クリ	62.1	ナギ	59.2	ヤマモモ	57.7
クロガネモチ	65.0	ナンテン	53.5	ユズリハ	66.4
クロマツ	59.7	ニワウルシ	59.3	ユリノキ	75.5
ゲッケイジュ	55.9	ネグンドカエデ	72.6		
ケヤキ	58.3	ネズミモチ	64.7	**平均**	**63.4**
コウヤマキ	64.3	ネムノキ	68.5		

※値は、木村・加藤(1949)、中村(1948)、岩河(1982)、岩崎(2005)による実験の代表値または平均値で、この本に掲載されている樹種。

都市樹木による生態系のゆがみ

（1）都市のみどりと子ども

　戦後の日本経済の復興と都市の発展とともに、樹林や草地が宅地や駐車場に変貌するなど、都市のみどりは著しく減少してきました。みどりの効果効用が失われ、快適な生活環境の確保が困難になってきました。この反省から、近年はみどりを増やす努力が行われています。その結果、樹木地が少しずつ回復している都市も少なくありません。

　しかし、植えられる樹木の多くは外来種であり、いたるところにあったはずの「草地」も極めて少なくなりました。ハナミズキのように外国産の樹木はたくさん植えられているのに、日本古来の植物、特に草やつる植物、低木類が少ないのです。これにより、子どもの精神の豊かな成長や都市居住者が季節の移ろいや小さな生命を感じるために欠かせない、身近な生きものたちの姿が消えていきました。

　子どもたちが学校や家の近所、空き地などで遊びながら体感する小さな生命の姿が見えないのです。子どもたちは、アリを踏みつぶしたりバッタの手足を千切ってみたり、毛虫を焼いたりしながら、生命の大切さや不可逆な儚さを学ぶのです。そして、生きものをつかんだその小さな手に感じる一途な抵抗、筋肉の躍動から、生命あるものはすべて個性があることを知るのです。

（2）都市樹木と人為拡散〜植物は動けないのではない、動かないのだ〜

　ほかの植物図鑑などで、生育が可能な地域の範囲を"植栽可能域"などと表現していることがあります。しかし、この図鑑では"人為拡散域"としました。私たち人間の手により、いろいろな場所に植えられる植物の身にもなってみて欲しいのです。いろいろな場所に植えることは、人間にとって決して悪いことではなく、減ってしまったみどりを回復するためには必要なことです。好みの植物を植えたいと思う気持ちは不自然ではありません。しかし、植物はおよそ40億年の進化の過程で動かない体を選択・獲得した生物であるのだから、それを人間の都合で動かすことの責任は認識していなければなりません。

　このことによって、都市生態系がゆがめられています。

　一つは外来種の問題です。外国産の植物が日本で増殖し、在来の生態系に影響を与えることが問題視されています。繁殖力が弱い外来種や園芸品種であっても、花を訪れる送粉昆虫や土壌中の生物など、寄りつく生命のバランスを考えれば、生態系に与える影響は計り知れないことです。

　もう一つは地域外移入種の問題です。例えば、東京に南方産のクスノキやヤマモモ、シマトネリコを持ち込んだり、北方産のシラカバやアカエゾマツを植えるなど、人為的な移動によって植物種

シラカバ

アカエゾマツ

とそれに依存する昆虫などの生物はもちろん、土壌中の小動物や微生物などの人為移動が繰り返されています。

　現在でも、まれにホタルやセイヨウミツバチ、スズムシなどを人間の趣味嗜好で拡散させてしまうことがありますが、植物の無配慮な人為移動は、こうした行為と同じか、それ以上の悪影響を都市生態系に及ぼしています。

樹木の防火効果

　人間の都合の良いように扱われてきた樹木が、その体を張って私たちの生命や財産を守ってくれることがあります。

　関東大震災（1923 年）では、14 万余人とも 10 万余人ともいわれる人が落命し、そのほとんどが焼死です。なかでも陸軍被服廠跡（現在の横網町公園：東京都墨田区）はすさまじい惨状だったと伝えられています。当時、公園化が進められていた陸軍被服廠跡は約 2ha の平坦地で、迫る大火を防ぐ術なく、避難した約 3 万 8 千人の市民が焼け死にました。

　『（火災）旋風ノ起ツタ時ノ音ハ實ニ物凄ク…場内ノ人ハ場ノ中央ヲ目掛ケテ集マリ、泣叫ブ聲ハマルデ猿ヲイジメタ時ノ泣聲ノヤウデ悲惨ナモノデ…一時間余リデ静カニナツテ了ツタ。～震災予防調査会報告第百号（大正 14 年）より』

　一方、ほぼ同じ面積の旧岩崎邸庭園（東京都台東区）は、周囲を高い樹木に囲まれ、大火に曝されながらも約 1 万とも 2 万人ともいわれる人々が難を逃れたのです。

　『建築物は焼失せるも庭内の中央部は火焔の襲来を免れ青々たる樹林残存し 2 萬人許の人命を保護し得たり…池中の島中にあるクロマツは其葉先變色して恢復の見込なきもの少からす即ち以て火勢の旺盛なりしを想像するを得べし…周囲は土塀

コウヤマキ

ヤツデ

イチイ

イチョウ

クロマツ

スダジイ

11

アオキ
シラカシ
ヤブツバキ
マテバシイ

及シヒノキの植込を以て包囲せられたることは見免す可らざる事項なり。～土木学会誌（大正13年）より』

　樹木は命を持つ難燃性の可燃物です。細胞にしっかりと保持した水分を保つ間は燃えずに防火効果を発揮しますが、火にさらされ続けるといずれ燃えてしまい、可燃物として火にエネルギーを供給することになります。

　右ページのグラフは、サンゴジュの葉に対する加熱実験です。グラフは、葉のうらの温度変化を

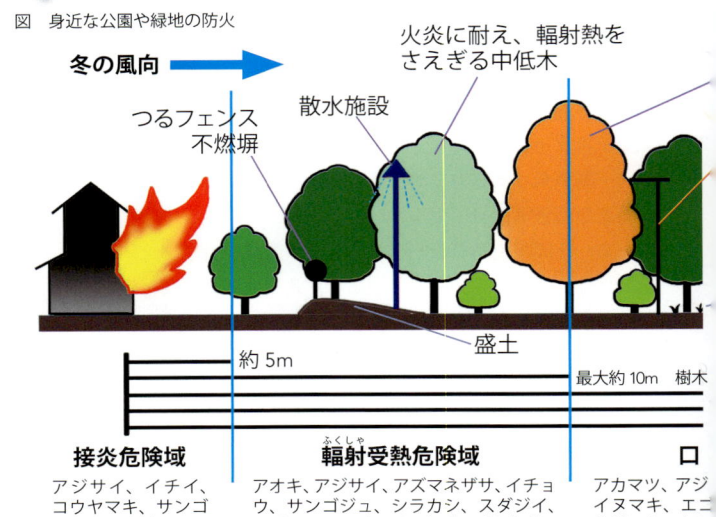

図　身近な公園や緑地の防火

冬の風向 →

つるフェンス
不燃塀

散水施設

火炎に耐え、輻射熱をさえぎる中低木

約5m　　　最大約10m　樹木

盛土

接炎危険域
アジサイ、イチイ、コウヤマキ、サンゴジュ、ヤツデなど

輻射受熱危険域
アオキ、アジサイ、アズマネザサ、イチョウ、サンゴジュ、シラカシ、スダジイ、マダケ、マテバシイ、ヤブツバキなど

ロ
アカマツ、アジイヌマキ、エニサザンカ、セン

示しており、鍋に入れた水を熱するかのように、約100℃において一時的に温度上昇が抑えられているのが分かります。

こうした効果などを発揮させるために、下図のように樹種の違いに配慮した植栽計画などを考えていくことも大切です。

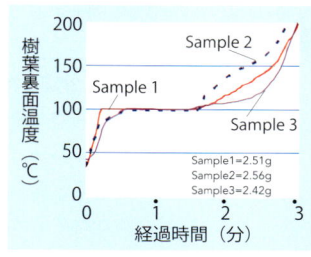

200℃に至るまでの樹葉裏温度の経時変化
（サンゴジュ *Viburnum awabuki* 輻射熱 20kW/m²）

サンゴジュ

火の粉の滞空時間をのばす落葉高木

樹冠
H≒7.5m 以上

輻射熱をさえぎり、火の恐怖をやわらげる低木

木製品

避難者

常緑の地被植物
の受熱限界：13.95kW/m²

最大約15m　樹木の口火受熱限界：5.81kW/m²

木製品の受熱限界：4.65kW/m²

人体の受熱限界：2.38kW/m²

火危険域

サイ、アスナロ、イチイ、ノキ、カヤ、クロマツ、ダン、ヒイラギなど

樹木安全域

アキニレ、カナメモチ、キンモクセイ、チャノキ、トウカエデ、マテバシイ、および常緑針葉樹など

樹木の見分け方

(1) 分類と掲載順について

　生物の"種"は、私たち人間が勝手に区別したものであり、古くから見た目による形態分類が行われてきました。人間が目で見て、種類の違いが分かれば十分だったのです。しかし近年、生物分類を専門とする研究者にとっては、DNAの一部を解析することによって遺伝子分類を行うほうが真実に近いこととされています。形態分類は誤りであるといわれることもあります。しかし、私たち都市居住者にとって、どちらが正しいということではありません。

　この図鑑では、従来どおり見た目による見分け方を基本にした掲載順序としてあります。

ポイント
- できるだけレンズの大きな明るい10倍ルーペを使う
- ルーペは目に密着させる（まつ毛が触れるくらい）
- 明るいところで使う

(2) 観察のコツ！　10倍のルーペと"毛"

　樹木の見分け方は、葉や花、果実、樹皮、小枝、樹姿、冬芽などの外見的な特徴に加え、その年齢や健康度など、その出会った一瞬に樹木が見せてくれる情報をすべて見ることが最も簡単で確実です。葉のみ、花のみ、あるいは幹のみといった部分的な見分け方は、実際にはもっとも難しい方法だといえます。

　この図鑑では、ルーペを用いて観察することを勧めています。ルーペを正しく使うことによって、植物の体が持つ繊細な違いや変化を簡単に見分けることができます。樹木を見るときは、ルーペを必ず使いましょう！　ルーペが見せてくれる世界は、あなたが今まで見たこともない素晴らしい世界です。

　ルーペで見るもっとも重要なものは"毛"です。

カジノキ

サンシュユ

ヤマハゼ

カジノキ 葉柄

サンシュユ 葉うら

ヤマハゼ 頂芽

(3) ルーペの代用品

　シニアに人気の拡大鏡も、倍率は低いですが役立ちます。また強い近眼の人は、メガネを外せば肉眼ルーペに早変わり。そして、もし双眼鏡があれば、それを逆さまにして高倍率のルーペとして使うことができます。

　野外で使える実体顕微鏡も、低倍率のもので使いやすいものがあります。

ルーペは高性能なものを

双眼鏡を逆さまにして、ルーペがわりに使う

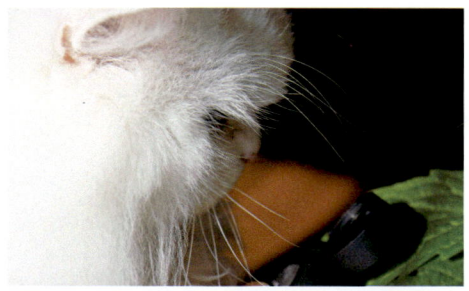

× 眼とルーペが遠すぎる

○ まつ毛が触れるぐらいルーペを近づける

左）屋外でも観察できる双眼実体顕微鏡

右）観察だけでなく、コンパクトデジタルカメラで撮影できる双眼実体顕微鏡

17

裸子植物

ソテツ

イチョウ

ヒマラヤスギ

種子

球果の先端

カラマツ

アカエゾマツ

ドイツトウヒ

ダイオウショウ

種鱗

モミ

アカマツ

クロマツ

種子

イヌガヤ

ゴヨウマツ

コウヤマキ

種子

ナギ

ハクショウ

イヌマキ

コウヨウザン

ヒノキ

サワラ

メタセコイア

センペルセコイア

スギ

ニオイヒバ

シノブヒバ

カイヅカイブキ

ラクウショウ

ヒヨクヒバ

コノテガシワ

カヤ

種子

イチイ

硬い針葉状で毛が密生

雌花

胞子葉

波しぶきがかかる海岸沿いでも生育する

種子には、はじめ金色の毛が密生する

冬囲い 温暖化により、不要な地域が増えている

小葉 長さ6〜20cm

長命で、ときに人格や神格を持つ。

ソテツ

ソテツ科　*Cycas revoluta*

九州南部以西産
主な人為拡散域：関東以西
雌雄異株／花期：4-8月
果熟期：(11–)1-2(,3)月

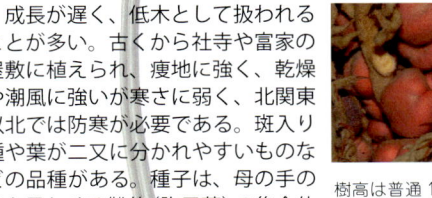

偶数羽状

束生

裸子植物

常緑中高木

種子

樹高は普通1〜4m、古木では8mに達する。葉は偶数状の羽状複葉で小葉は通常150〜180枚以上

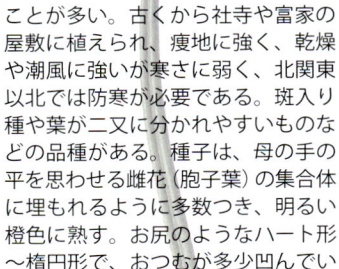

成長が遅く、低木として扱われることが多い。古くから社寺や富家の屋敷に植えられ、痩地に強く、乾燥や潮風に強いが寒さに弱く、北関東以北では防寒が必要である。斑入り種や葉が二又に分かれやすいものなどの品種がある。種子は、母の手の平を思わせる雌花（胞子葉）の集合体に埋もれるように多数つき、明るい橙色に熟す。お尻のようなハート形〜楕円形で、おつむが多少凹んでいて可愛らしい。この表面には、ベビーブロンドのような縮れた毛がある。

実つきがよい日比谷公園の雌木

種子 胸一杯に嗅ぐと臭くない

全国でもっとも本数が多い街路樹。

単葉
全縁
互生

イチョウ

イチョウ科　*Ginkgo biloba*

外国産（中国）
主な人為拡散域：北海道中部以南
雌雄異株／花期：4-5月
果熟期：10-12月

葉をもむと雄木も雌木も銀杏の匂い

緩やかな波状、ひこ生えや長枝の葉は2裂〜多裂する。

葉の長さ 7〜17cm

裸子植物

落葉広葉高木

葉は短枝では束生ぎみに互生する

大木は、大きな円形の樹冠をつくる

樹高は普通8〜20m、巨木は北海道と沖縄を除く全国に分布し、樹高50mに達する。街路や公園、学校、社寺などに多数植えられ、庭木や生垣としても使われる。針葉樹と同じ裸子植物であることから、林業の分野などでは針葉樹とされることがあるが、都市緑化では広葉樹として扱う。樹皮は厚いコルク層が発達し、ほほを寄せると温かい。そのコルク層に守られ、火災で焼けても再生力が強く、"蘇りイチョウ"あるいは"霧吹きイチョウ"などの伝承が各地に残る。

雌雄の判別 種子や葉の形、葉の匂いで雌雄を見分けられる、というのは誤り。雌は樹皮が下垂しやすいというのは半分程度正しい。また短枝の混芽形状での判別は困難。雌の混芽は樹脂がにじんだような光沢があることが多いが、わずか待てば花が咲くから、あれこれ考えないほうが確実である。約20年生以上の成熟した雌雄の差として下記がある。雌は、特に種子がつく夏〜初冬に樹冠が広がって見え、種子がついていなくても全体的に横広がりで枝分かれが多くゴツゴツしている。

黄葉

短枝（雌）

たくさんの**雄花**↑がいっしょに咲く

雌花→
2個の胚珠が二又につく

壮齢木では、樹皮の一部が乳のように垂れる

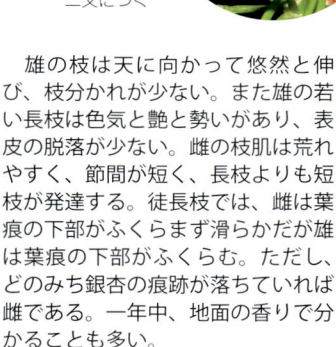

冬姿

雄の枝は天に向かって悠然と伸び、枝分かれが少ない。また雄の若い長枝は色気と艶と勢いがあり、表皮の脱落が少ない。雌の枝肌は荒れやすく、節間が短く、長枝よりも短枝が発達する。徒長枝では、雌は葉痕の下部がふくらまず滑らかだが雄は葉痕の下部がふくらむ。ただし、どのみち銀杏の痕跡が落ちていれば雌である。一年中、地面の香りで分かることも多い。

裸子植物

落葉広葉高木

★ 着葉枝は短毛が密

★ 葉枕はなく、接合部は吸盤状

葉の大きさは不揃い

苞鱗片が球果の縁から出る

種鱗

葉先は、年齢とともに、人間と逆に丸くなる。

モミ

マツ科　*Abies firma*

単葉

東北中部～九州産
主な人為拡散域：北海道南部以南
雌雄同株・異花／花期：5-6月
果熟期：10-11月

互生

葉の長さ
1～3.7 cm

光沢強く、葉先は二分し痛い

表

★★ 気孔帯は帯白色で幅広く、白さは目立たない

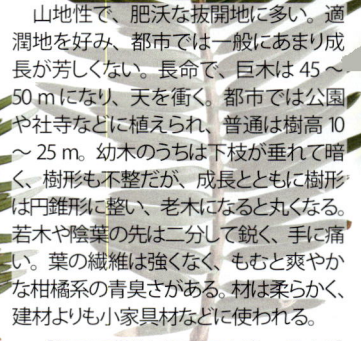

裸子植物

常緑針葉高木

樹姿　　うら

山地性で、肥沃な抜開地に多い。適潤地を好み、都市では一般にあまり成長が芳しくない。長命で、巨木は45～50 mになり、天を衝く。都市では公園や社寺などに植えられ、普通は樹高10～25 m。幼木のうちは下枝が垂れて暗く、樹形も不整だが、成長とともに樹は円錐形に整い、老木になると丸くなる。若木や陰葉の先は二分して鋭く、手に痛い。葉の繊維は強くなく、もとも爽やかな柑橘系の青臭さがある。材は柔らかく、建材よりも小家具材などに使われる。

【似ている樹種：48 コウヨウザン、55 カヤ】

★★ 着葉枝は無毛で縦しわがある

★ 葉枕はない
接合部は丸く、モミほど吸盤状ではない

下から見上げた着葉枝

上面の葉は短く、横と下の葉は長い

葉の長さ
1.5～3cm

表

樹形が美しく、代表的なクリスマスツリー。

ウラジロモミ
(ニッコウモミ)

マツ科　*Abies homolepis*

東北南部～四国産（局所的）
主な人為拡散域：北海道南部～九州
雌雄同株・異花／花期：5-6月
果熟期：(9,) 10-11月

単葉

互生

　樹高は普通5～15m、大きなものは関東甲信越地方に多く、35mを超える。葉のうらが白い。都市でも植えられるが、本来は本州の高原が最もふさわしい樹木である。樹冠全体としては葉うらの白さが目立たず、都市では葉が短いものが多い。葉の繊維はごく強く、爪をたてないと千切りづらい。葉をもむと、メントールに似た清涼感のある青臭さが続く。葉先は痛くないが、鼻に突き刺さると、さすがに若干痛い。

葉先は二分しないか、少し二分し、痛くない

うら

裸子植物

常緑針葉高木

樹冠

【似ている樹種：22 モミ、26 ドイツトウヒ、28 アカエゾマツ、29 エゾマツ】

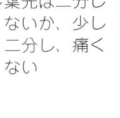

23

若い球果のついた枝

表とうらが不明瞭

葉枕は明瞭 ★短毛が密生

種鱗

種子

種子の翼

威風堂々とした樹形で、世界三大庭園美樹の1つ。

ヒマラヤスギ
（ヒマラヤシーダー）
マツ科　*Cedrus deodara*

外国産（中南アジア）
主な人為拡散域：北海道中南部以南
雌雄同株・異花／花期：10-11月
果熟期：10-11月

単葉

互生

裸子植物

常緑針葉高木

長枝（葉は互生）
葉の長さ2～6cm

先端は鋭く、やや痛い

★★葉の断面は丸く、全周に気孔線

種鱗はバラバラで、先端のみバラの花のように落下

樹姿

短枝（葉は束生）

コウヤマキ、ナンヨウスギ属 *Araucaria* spp. とともに、世界三大庭園美樹の1つ。わが国には比類がなく、その樹冠は蒼く明るく、広い円錐形で雲を貫く。成長は早く、樹高は普通15～20m程度で、大きいものは都市でも25～30mになって大枝が横に張り、庶民の庭では手に負えない。学校や公園などの公共施設、リゾート施設などに多く植えられる。日照不足に強いが、潮風に弱い。葉の繊維はごく強く、千切るとゴムのような独特の青臭さがある。【似ている樹種：26 ドイツトウヒ】

★★ 短枝の葉
20〜30枚が360°の輪生状に束生

葉は柔らかく、長枝の葉はとがり、短枝では丸い

葉うらに目立たない2本の気孔帯

長枝（葉は互生）

葉の長さ
1.5〜3.5cm

表

短枝（葉は束生）

落葉性で、春の芽吹き、秋の黄葉が美しい。

カラマツ
(ラクヨウマツ)

マツ科　*Larix kaempferi*

自然分布：東北南部〜中部
主な人為拡散域：北海道〜九州
雌雄同株・異花／花期：4-5月
果熟期：(8,) 9-10月

単葉

互生

うら

球果
(約2〜4cm)

種鱗の先は反る

樹姿

裸子植物

落葉針葉高木

秋の避暑地でバスを降りればカラマツ林、という名曲の詞そのまま、秋の旅愁を誘う。樹高は普通10〜20m、巨木は40mに達する。痩せ地に強く、各地で材木生産用に植栽される。都市樹木としても利用価値は高く、東京都心でも、近くに落葉高木があるなど夏の日射を緩和できれば良好に生育し結実する。しかし一般に、平野部などの都市では暑く、苦しい。材は湿気に強く、水辺の緑化・土木資材として優良。樹形は秀でて美麗。枝は規則的に四方八方へ水平に出て天へ向かう。

着葉枝は無毛

枝は上方へ向かいつつ垂れる

★★ 着葉枝は肌色～淡褐色で光沢があり、無毛

葉枕は明瞭

球果（約10～18 cm）

★ 葉は湾曲し断面は菱形、4面に白い気孔線がある

表

老いた獣のような重厚で重い雰囲気。

ドイツトウヒ
（オウシュウトウヒ）
マツ科　*Picea abies*

外国産（中北ヨーロッパ）
主な人為拡散域：北海道〜九州
雌雄同株・異花／花期：5-6月
果熟期：10-11月

単葉／互生／裸子植物／常緑針葉高木

先端は鋭いが、痛くない

葉の長さ1.5〜2 cm

うら

落下した雄花序

樹姿

樹高は普通8〜15 m。長命で、原産地では40 mを超えるという。日本では25 mを超える程度。枝は弾力性に富み、垂れながら上方を向く独特の樹形になり、壮大な円錐形で下枝はよく残る。壮齢木では各々の着葉枝が枝から下方へと垂れ下がる。成長が早く、戦時中に供出したスギやヒノキの代替として、ヒマラヤスギとともに各地に植えられた。葉をもむと、スギとヒノキの中間のような、癖の少ない爽やかな芳香がある。矮性や斑入りの品種がある。

【似ている樹種：23 ウラジロモミ、27 プンゲンストウヒ、28 アカエゾマツ、29 エゾマツ】

★ 着葉枝は淡茶色〜黄褐色で無毛

★★ 葉は湾曲針状で青白く、断面は菱形

葉枕は0.5mm以下

下から見上げた枝振り

葉の長さ1.2〜2cm

硬くて痛い

表

サンショウに似た強い針葉樹の香り。

プンゲンストウヒ
(コロラドトウヒ、アメリカハリモミ)
マツ科　*Picea pungens*

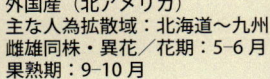

外国産（北アメリカ）
主な人為拡散域：北海道〜九州
雌雄同株・異花／花期：5-6月
果熟期：9-10月

単葉

互生

樹冠

葉の気孔線その他に白いワックス質の粉をふき、青白くみえて美しい。このワックス質は、こすると脱落し、緑色の地色が現れる。戸建住宅、再開発地区、公園などに植えられ、樹高は普通4〜15m。高木性や矮性などの品種があり、夏の夜間の暑さに弱い。葉をつぶすと、サンショウにも似た強い針葉樹の香りがある。人目を忍んで小枝を盗むと、青臭い錯乱しそうな匂いが周辺に漂い、小脇のバッグに入れておくと動くたびに強烈である。

うら

樹姿

裸子植物

常緑針葉高木

【似ている樹種：26 ドイツトウヒ】

27

種鱗が開いた球果、こぼれ落ちそうな種子が見える

球果

★葉枕は短く開出

★★着葉枝は茶褐色〜赤褐色で毛が密

★★葉は短く、断面が菱形、4面に気孔線

表

葉の長さ 0.6〜1.5cm

うら

北海道などの湿地や岩礫地に自生。

アカエゾマツ

単葉

マツ科　*Picea glehnii*

北海道〜東北北部産（局所的）
主な人為拡散域：北海道〜関東
雌雄同株・異花／花期：6-7月
果熟期：9-10月

互生

種子

上面と下面が明瞭、下面は着葉枝がよく見える

裸子植物

常緑針葉高木

樹姿

マツ属ではなくトウヒ属。アカエゾマツと命名されているが、樹皮の赤みは不明瞭なことも少なくない。樹高は都市で普通6〜15m、北海道の樹林で20〜30m、大木は35mを超える。北海道などの湿地や岩礫地に自生することから都市などの悪条件にも耐えると考えられ、公園や街路などで植栽されているが、葉が黄緑色に変色しやすい。独特の短い葉が着葉枝に密生し、手触りがやさしい。葉をもむと、ヒノキに似た甘く弱い芳香がある。

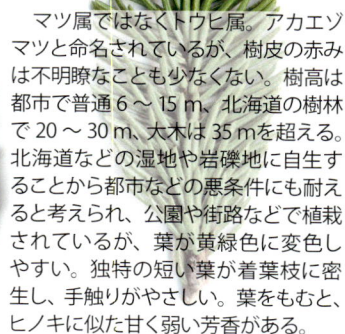

【似ている樹種：23 ウラジロモミ、26 ドイツトウヒ、29 エゾマツ】

葉はアカエゾマツより疎

★ 葉枕は明瞭で開出

★★ 着葉枝は淡茶色〜淡灰褐色で毛がない

★★ 葉は平坦なほこ形、うらのみに2本の白い気孔帯がある

球果

上面も着葉枝が少し見える

表

葉の長さ1〜2.5 cm

アカエゾマツと似るが、葉はより長くて暗く荒々しい。

エゾマツ

マツ科　*Picea jezoensis*

北海道産
主な人為拡散域：北海道〜東北中部
雌雄同株・異花／花期：5-6月
果熟期：9-10月

単葉

互生

上下は明瞭、下面は着葉枝がよく見える

うら

トウヒ属。幹は灰褐色から黒褐色。樹高は普通8〜15 m。大木は北海道にあって30 mを超え、一部は40 mlに達する。樹冠は濃緑色で、ゴヨウマツのように遠目に気孔帯の白色がかぶる。アカエゾマツと混合して用いられるが、北海道以外ではエゾマツのみを植栽することはまれ。育苗は盛んではなく、植林木や都市樹木としての利用は少ない。葉をもむと、カヤの油っぽさとミカンのさわやかさを足して割ったような、アカエゾマツとは違った芳香がある。

樹姿

裸子植物

常緑針葉高木

【似ている樹種：23 ウラジロモミ、26 ドイツトウヒ、28 アカエゾマツ、55 カヤ】

着葉枝の上下は明瞭

★ 着葉枝は有毛

葉枕はない
接合部は丸く
小さな吸盤状

葉はやや疎に見える

幹はトドの首のように平滑。

★★ 葉幅はほぼ一定で中央線が凹む

先端は浅く二分、痛くない

トドマツ

単葉

マツ科　*Abies sachalinensis*

表

葉の長さ
1〜3.5 cm

北海道産
主な人為拡散域：北海道〜中部
雌雄同株・異花／花期：5-6月
果熟期：(9,) 10月

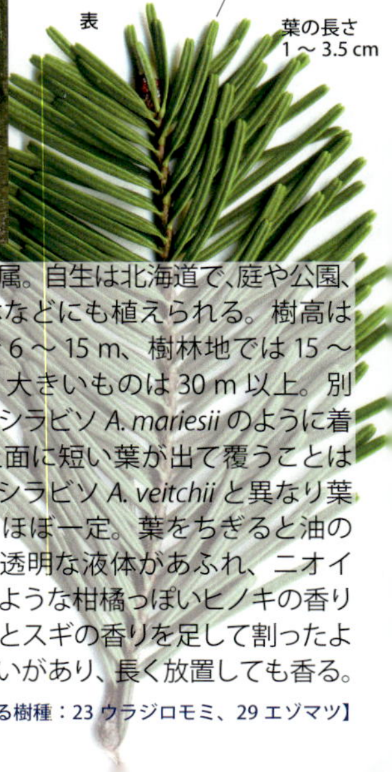

互生

裸子植物

頂芽　芽は多層の鱗片で守られる

葉は扁平で、表うらが明瞭。うらの2本の気孔帯が白い

常緑針葉高木

樹姿

うら

モミ属。自生は北海道で、庭や公園、防風林などにも植えられる。樹高は公園で6〜15 m、樹林地では15〜25 m、大きいものは30 m以上。別種オオシラビソ *A. mariesii* のように着葉枝上面に短い葉が出て覆うことはなく、シラビソ *A. veitchii* と異なり葉の幅はほぼ一定。葉をちぎると油のような透明な液体があふれ、ニオイヒバのような柑橘っぽいヒノキの香りと灯油とスギの香りを足して割ったような匂いがあり、長く放置しても香る。

【似ている樹種：23 ウラジロモミ、29 エゾマツ】

変種キタゴヨウの球果

★ 表側に**気孔線**はなく、内側の2面のみ白い

★★ 短枝に5枚が束生、横断面は1/5円の扇形

葉は少しよじれる

葉の長さ
2.5～6cm

ほかのマツ類に比べ、日照不足に強い。

ゴヨウマツ
(ヒメコマツ)

マツ科 *Pinus parviflora* var. *parviflora*

東北南部～九州産
主な人為拡散域：北海道中部～九州
雌雄同株・異花／花期：5-6月
果熟期：10月

単葉

束生

ゴヨウマツの**冬芽**
先が少しとがっている

裸子植物

変種、品種が多く、葉が帯白色なもの、葉先が白いものなどがあり、主にクロマツへの接ぎ木で増殖。気孔線が遠目にも白く、樹木全体として朗らか。樹高25m以上になるが、成長は遅く、庭園や公園などで中低木として仕立てられる。繊細で美しい日本伝統のコニファーだが、需要が増えない。放置してもきれいなのに、庭園樹形を維持するのに手間をかけるためである。別種チョウセンゴヨウ *P. koraiensis* は葉が6～12cmと長く、変種キタゴヨウ var. *pentaphylla* は冬芽の先がとがらない。

変種キタゴヨウの冬芽
先が丸い

樹姿

常緑針葉中高木

葉うらの**気孔線**は7〜10列

新芽 **冬芽鱗片**は赤褐色

葉鞘は赤褐色〜白茶色

葉はやわらかく、雰囲気は明るい

★★ 葉の中央を持ち、手の平に刺しても痛くない

女松。周囲を明るくし、素直に伸びる。

アカマツ
（メマツ）
マツ科　*Pinus densiflora*

単葉

北海道南部〜九州産
主な人為拡散域：北海道中部〜九州
雌雄同株・異花／花期：4-5月
果熟期：10-12月

束生

葉は短枝に2枚ずつ

葉の長さ 7〜12 cm

球果　アカマツは繊細で、クロマツは豪快

アカマツ
クロマツ

裸子植物

雌花　雄花

常緑針葉高木

樹姿

樹高は普通8〜25 m程度。大木は関東地方以北に多く、35 mを超す。男松と呼ばれるクロマツほどの手間がかからず、愛情だけで美しく育つことから、庭木、公園樹としての需要が多い。東京付近では雑木林や屋敷林の主構成種だったが、近年はマツノザイセンチュウによる枯損が多い。枝幹が細かく分岐し、樹高が低い品種にタギョウショウ 'Umbraculifera' などがある。これらの葉や球果は小さく、葉色が明るく、和洋折衷の古い庭園などに植えられる。【似ている樹種：33 クロマツ】

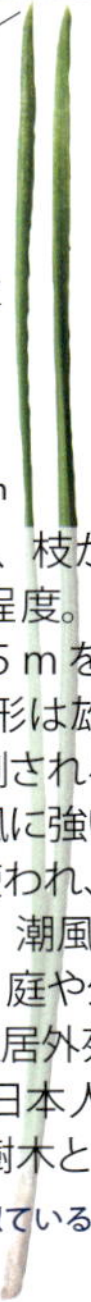

新芽
冬芽鱗片は白褐色

葉うらの**気孔線**は9〜14列

葉鞘は白褐色〜灰白色

雄花序

枝ぶりは剛直

★★ 葉の中央を持ち、手の平に刺すと痛い

葉は短枝に2枚ずつ

葉の長さ6〜17cm

男松。幹は黒いとは限らない。

クロマツ
（オマツ）
マツ科　*Pinus thunbergii*

東北〜九州産（沿岸域）
主な人為拡散域：北海道中南部〜九州
雌雄同株・異花／花期：4-5月
果熟期：10-12月

単葉

束生

裸子植物

常緑針葉高木

種鱗と種子
種子

樹形は剛快で、枝が太い。樹高は普通8〜25m程度。大木は関東地方以西に多く、45mを超える。変種、品種が多い。樹形は雄大無比で、盆栽でもネコが圧倒される威厳と風格がある。乾燥、潮風に強い。公園樹、街路樹として多く使われ、都市環境でも良好に生育する。潮風で曲がりくねっても成長するが、庭や公園では比較的素直に伸びる。皇居外苑のクロマツは、第2次大戦下、日本人の心を鼓舞するための雄壮な樹木として植えられたという。

【似ている樹種：32 アカマツ】

若い球果　　樹姿

33

葉の両面に白い気孔線　細かい鋸歯

下枝は落ちやすく、葉は上空にある

葉の先端近くを持ち、手の平に刺すと痛い

葉と新芽

葉がきわめて長く美しく、男性的。

ダイオウショウ
（ダイオウマツ）
マツ科　*Pinus palustris*

単葉

★★　葉は短枝に3枚ずつ

種子（不稔）

外国産（北アメリカ）
主な人為拡散域：東北以南
雌雄同株・異花／花期：4月
果熟期：10-12月

束生

葉の長さ 25〜50(-60) cm

裸子植物

（約12〜23 cm）

種鱗の先は鋭くとがる

樹冠

常緑針葉高木

巨大な球果は人気者

樹高は普通6〜15 m、高いものは関東地方以西に多く、20〜25 mを超える。樹形は端正で幹がまっすぐ伸びる。葉の全体は柔らかいが、先は硬化して鋭くとがり、先端近くを持って手に刺すと痛くて悶絶する。大きく成長するため、公園などに植えられているが、民家の庭でもよく見かける。球果は手の平一杯よりもずっと大きく、一度手にしたなら、その感触を忘れることはない。葉をもむと、ニオイヒバに似ていなくもないが、嗚咽するような動物的な臭いがある。

樹冠は明るい

葉の中程を持ち、手の平に刺すと痛いとは限らない

葉うらに（ときに表にも）白い**気孔線**

細かい鋸歯

枝ぶりは剛直

★★ 葉は短枝に3枚ずつ 特に長くはない

葉の長さ5〜10cm

成長した幹は、明るく美しい斑模様に剥がれる。

ハクショウ
（シロマツ）

マツ科　*Pinus bungeana*

外国産(中国)
主な人為拡散域：北海道南部以南
雌雄同株・異花／花期：4-5月
果熟期：10月

単葉

束生

裸子植物

常緑針葉高木

球果
（約5〜8cm）

葉は3枚が束生し、ダイオウショウと同様に、内側にはW字〜凸字の合わせ溝がある。樹皮は、新しくはがれたところは薄く青みがかった淡緑色〜灰褐色などで、時を経て灰白色になる。社寺などに植えられ、樹高は普通4〜15mで、30mに達するものがある。幹は少し曲がりやすい。枝葉は疎だが、卵形の大きな樹冠をつくり、幹だけを見て漫然と近づくとマツであることに驚く。葉の匂いはアカマツと同じようなマツの香りで、比較的強い。

幹はマツとは思えない 　　樹姿

雌花

雄花序 雄花はたくさんつく

葉は束生ぎみに互生する

変種ラカンマキのほか、数々の品種が植えられる。

イヌマキ
（クサマキ）
イヌマキ科 *Podocarpus macrophyllus*

関東南部以西産
主な人為拡散域：関東以西
雌雄異株／花期：5-6月
果熟期：(9,)-12月

単葉
全縁
互生

裸子植物

常緑針葉高木

★★ 葉は厚く、鉾型 先は痛くない

★ 短い葉は左右不同で幅が広い

中脈は、両面とも突出

葉の長さ 6〜18cm

表

うら

種子は樹上で根を出す
赤いのは果托

葉うらは黄緑色、白くない

仕立てものの樹姿

　樹高は普通3〜8m、大木は関東以南に多く、高いものは30mに達し、主幹は多少曲がりながらも素直に立つ。庭などの都市空間では、小柄なラカンマキ、あるいはラカンマキとの中間的形質を持つ個体が好まれる。公園や街路では、むしろ大きな葉を持つイヌマキらしいものが多い。秋、果托が赤く熟し食べられる。味はサクランボに似て、食感はみすず飴（ぐみとは違う）のように弾力があり、甘くて美味しいが、えぐみが短時間残ることがある。

【似ている樹種：37 ラカンマキ、38 コウヤマキ】

樹上発根した種子

葉は小さくて細い

葉は直立するものが多い

マキやイヌマキと称し、よく使われる。

ラカンマキ
イヌマキ科
Podocarpus macrophyllus var. *maki*

外国産(中国)
主な人為拡散域：関東以西
雌雄異株／花期：5-6月
果熟期：(9-10)月

単葉
全縁
互生

表
葉は厚く、鉾型
先は痛くない

★★ 葉は幅狭く短い、短い葉は幅も狭い

葉の長さ
4～10cm

中脈は両面とも突出

小さい葉が多い

葉うらは黄緑色、白くない

うら

仕立てものの樹姿

裸子植物

常緑針葉中高木

イヌマキの変種。樹高20mを超えるが、普通は2～6m程度の中低木として仕立てられる。庭園では葉の小さいものが喜ばれ、ラカンマキの優しくて柔らかい雰囲気が重用される。イヌマキと混植され、長大な生垣に使われることもある。明らかに葉が小さくてラカンマキらしいものと、イヌマキとの中間的なものがあり、中間的なものはイヌマキとして扱われることが多い。このラカンマキらしい形質を維持するため、生産は主に挿し木繁殖が行われている。【似ている樹種：36 イヌマキ】

新芽とかわいらしい新葉

雄花は枝先に群生する

葉の両面ともに中央線がV字状に凹む

★★ 葉うらの中央に、黄白色の**気孔線**

大型葉は輪生状に束生

葉の先端は小さく切れ込み、痛くない

柔らかい

葉の長さ
7〜13cm

表

木曽五木の一つ。気品がある。

コウヤマキ
（ホンマキ）
コウヤマキ科 *Sciadopitys verticillata*

単葉

東北南部〜九州産（局所的）
主な人為拡散域：北海道中部以南
雌雄同株・異花／花期：3-4,(5)月
果熟期：(9,)10-11月

束生

種子
（約1.2〜1.5cm）

裸子植物

樹姿

うら

常緑針葉高木

ヒマラヤスギ、ナンヨウスギ属 *Araucaria* spp. とともに、世界三大庭園美樹といわれる。その樹形はさすがに美しい。すっきりと細い円錐状の樹冠は、葉が密に繁り、病虫害に強くて欠損が少ない。成長が遅く、普通5〜10m程度のものが多い。高いものは樹高40mになる。樹皮はヒノキに似る。乾燥には大方強いが、潮風や寒風に弱く、適潤かつ肥沃な土地で大切に育てられたものが高価に取引される。葉をもむと、春菊によく似た爽やかな青臭さがある。【似ている樹種：36 イヌマキ】

細い葉

葉は対生

★ 葉うらに気孔線が並行する

葉群を下から

とがるが、先端は丸い

表

★★ 主脈がなく、平行脈が多数

葉の長さ4〜7cm

耐陰性があり、乾燥や寒さに少し弱い。

ナギ

イヌマキ科　*Podocarpus nagi*

近畿以西産
主な人為拡散域：東北南部以南
雌雄異株／花期：5-6月
果熟期：11-1月

うら

（約1.2〜1.8cm）
種子はムクロジの核果に似たしわと手触りがあるが、粉を吹き少し小さい

大きいものは関東地方南部以西に多く、樹高20〜25m。幹は真っ直ぐに伸びる。普通は3〜8mで、街路や公園、神社や旧家などによく植えられる。葉は、恋つなぎ（ナギ）の御守と伝えられ、繊維が強いとされるが、千切っても強い抵抗は感じない。そんなもので恋がかなうならば、ウラジロモミのほうが御利益がある。葉をもむと、清涼感のあるわきがのような香気があり、手に残る。この匂いはカヤと似て、葉を1枚盗んだだけでも周囲一帯に漂って驚かされる。【似ている樹種：226 ブラシノキ】

葉縁がそのまま着葉枝に接する

樹姿

単葉

全縁

対生

裸子植物

常緑針葉高木

葉は水平に並ぶ
着葉枝は緑色で対生

葉うらの
気孔帯

雄花　葉腋につく

種子は樹上で紫緑褐色に熟す

カヤのように立派に成長しないが、決して劣らない。

単葉

イヌガヤ
（ヘボガヤ、ヘダマ）
イヌガヤ科 *Cephalotaxus harringtonia*

互生

東北中部～九州産
主な人為拡散域：東北～九州
雌雄異株／花期：3-4月
果熟期：10-11月

★ 葉先は急にとがり、痛くない

弱い光沢

表

葉の長さ
2～5cm

裸子植物

品種チョウセンマキ

★★ 気孔帯はあまり白くなく、緑色の部分より幅が広い

常緑針葉中低木

樹姿

うら

大木は暖地に多く、樹高は20mを超えるが、普通は5m以下の中木～低木が多い。成長は遅い。耐陰性に富み、下枝が茂りやすく、林床でお化けのようになる。枝葉は密になりがちで、庭や公園ではよろこばれない。古くから材や種子は利用される。葉をもむ瞬間、マツ葉のようなゴム臭があるが、すぐに常緑樹によくある青臭さになる。多雪地の変種にハイイヌガヤ var. *nana*、園芸品種に'チョウセンマキ' 'Fastigiata'があり、ともに葉うらは淡緑色で、イヌガヤに似る。

【似ている樹種：55 カヤ、56 イチイ】

熟し始めた**球果**

★ 鱗片葉の先はとがらない

裏表

油点は見えない

種子の翼は若干狭い

★★ 葉うらの気孔帯はY字に白い

別種アスナロの葉うらの気孔帯

枝先はサワラのように跳ねない

表 無毛

球果（約10 mm）
サワラより大きい

葉の長さ
0.15～0.3 cm

材は芳香があり、きめ細やかで明るく建材として秀逸。

ヒノキ

ヒノキ科　*Chamaecyparis obtusa*

東北南部～九州産
主な人為拡散域：北海道中南部以南
雌雄同株・異花／花期：(2,)3-4(,5) 月
果熟期：10-11 月

単葉

対生

うら

表うらは明瞭

若実と葉うら

裸子植物

常緑針葉高木

　木曽五木の一つ。樹高は公園などで6～15 m程度、山では15～25 m、巨樹は55～60 mに達する。サワラに比べて枝葉が密生し、やや暗い。鱗片葉はアスナロ*Thujopsis dolabrata*よりかなり小さい。土壌の乾燥に耐えるが、湿潤を嫌う。日陰にも強く、都市では社寺などの群植林の生育が良い。葉をもむと、甘さを抑えたヒノキ特有のやさしい香気がある。秋、青く堅い球果を取り置いておくと、気がつかない間に乾燥して開き、家中が種子だらけになる。

樹姿

【似ている樹種：42 チャボヒバ、43 サワラ、53 ニオイヒバ、54 コノテガシワ】

うらは、鱗片の重なる部分が白くY字状に見える

★★ 鱗片葉は小さく水平に細かく分岐

表

生垣としてよく使われる

枝葉が小さくまとまり、葉が少なく見える

ヒノキの園芸品種。名はニワトリのチャボより。

チャボヒバ
（カマクラヒバ）

ヒノキ科 *Chamaecyparis obtusa* 'Breviramea'

栽培品種
主な人為拡散域：北海道中南部以南
雌雄同株・異花／花期：3-4月
果熟期：10-11月

単葉 / 対生 / 裸子植物 / 常緑針葉中高木

無毛

表

葉の長さ
0.05〜0.2cm

★ 表うらはやや不明瞭

うら

樹姿

樹高はヒノキより低く、普通2〜3m以下の生垣か、5m以下の庭木としての利用が多い。庭木では、貝造りといわれる枝先の枝葉を二枚貝の殻のように残した樹形に仕立てられる。高いものは15mに達する。着葉枝は、棚板のような層状に連なるものが多いが、成長するにしたがい、この特徴が分かりにくくなる。細かく分岐する着葉枝と小さい葉をニワトリの小型品種チャボに見立てたといわれているが、大木を目前にすると複雑である。葉をもむとヒノキ科の特徴的な青臭い芳香がある。

【似ている樹種：41 ヒノキ、49 カイヅカイブキ、53 ニオイヒバ】

生垣として
よく使われる

★うらの気孔帯は
X字に白い

雌花

雄花

油点

翼のある種子

球果
（約6〜8.5mm）

表

葉と若い球果　枝先は跳ねる

建材より緑化木として利用。都市ではヒノキより多い。

サワラ

ヒノキ科　*Chamaecyparis pisifera*

東北中部以南の本州・九州中部以北産
主な人為拡散域：北海道中南部以南
雌雄同株・異花／花期：3〜4月
果熟期：10月

単葉

対生

裸子植物

常緑針葉高木

表

無毛

★★鱗片葉の先は
とがり、とげ
とげしい

葉の長さ
0.15〜0.25 cm

枝葉は疎で、
樹冠が透ける

表うらは
明瞭

うら

樹姿

　木曽五木の一つ。樹高は普通8〜20m、大きいものは中部から東北地方に多く、45mを超える。着葉枝はヒノキほど密ではなく、樹冠の間から大空が見える。枝先はヒノキほど垂れず、跳ねる。葉の鱗片は柔らかく、痛くもないが、私にサワラないでとトゲトゲしている。油点をつぶすと、青臭いゴムに似た、ヒノキとは違う独特の香りがある。この香りは、都市で育った人ならば記憶にあるものであろう。陰地にも湿潤地にも強く、多数の品種がある。
【似ている樹種：43 ヒノキ、45 シノブヒバ】

垂れる葉
表
雌花
雄花
垂れる葉
垂れない葉
うらには、白い X 字・逆ハ字の **気孔帯**が見える
垂れない葉には **油点**がある
垂れる葉と垂れない葉が混在する

サワラの園芸品種。垂れる葉と垂れない葉がある。

★★ 葉の先は少しとがり少し硬くトゲトゲ感

球果（約6〜10 mm）

ヒヨクヒバ

ヒノキ科 *Chamaecyparis pisifera* 'Filifera'

栽培品種
主な人為拡散域：北海道中部以南
雌雄同株・異花／花期：3-4月
果熟期：10-11月

単葉
対生
裸子植物
常緑針葉中高木

表
無毛
葉の長さ 0.2〜0.5 cm

球果と種子 サワラと同じ大きさ

品種オウゴンヒヨクヒバ

うら

表うらは明瞭

樹姿

サワラの別品種シノブヒバが細長く垂れたような形状の葉と、サワラと同様に垂れない葉の両方をつける。樹高は普通 3〜10 m、大木はどちらかといえば関東地方以北に多く、20 m を超える。ヒヨクヒバをはじめ、葉先が垂れるヒノキ科の品種を総称してイトヒバと呼ぶことがある。シノブヒバと同様に、もむとサワラにわずかカヤが混ざったような清涼感のある強い匂いがある。葉が黄色くなる品種にオウゴンヒヨクヒバ 'Filifera Aurea' があり、これにも低木あるいは這性の品種がある。

【似ている樹種：45 シノブヒバ】

一見するとサワラに似る

うらに白く細い三角形の気孔帯

品種オウゴンシノブヒバ
特に冬、黄色が美しい

鱗片葉の先は鋭く反り返るが、痛くない

油点の有無は個体差がある

葉は柔らかい

球果
約6〜9mm

表

無毛

葉の長さ
0.15〜0.3cm

サワラの園芸品種。名はシダ植物のシノブより。

シノブヒバ

ヒノキ科 *Chamaecyparis pisifera* 'Plumosa'

栽培品種
主な人為拡散域：北海道中部以南
雌雄同株・異花／花期：4-5月
果熟期：10-12(,1)月

単葉

対生

品種オウゴンシノブヒバ
表うらは明瞭
特に表側がレモン色

うら　樹冠

樹高は普通2〜6m、高いものは10〜15m。乾燥しても耐え忍ぶシダ植物のシノブのように、葉先がするどくとがる。触ると比較的柔らかく、見た目ほどの強さがない。着葉枝は端正で、先端はとがるが、あまり垂れない。冬季には、日の当たる葉が少し紅葉する。枝葉は、サワラを細長く柔らかくした印象だが、葉の成熟とともに硬くなる。葉先がレモン色に色づく品種にオウゴンシノブヒバ'Plumosa Aurea'があり、夏は明るく爽やかで、冬は少し赤みを帯びるものがある。

【似ている樹種：43 サワラ、44 ヒヨクヒバ】

裸子植物

常緑針葉中高木

花の時期は赤く見える、冬季の葉は褐色に紅葉する

葉の4面に白い気孔帯が1条ずつ見える

雄花のつぼみ

葉の先端は鋭く、普通は痛い

着葉枝は緑色

★★ 葉は湾曲〜直線的な棘状

表

葉の長さ 0.5〜2cm

日本一の高さ、日本一の長寿。

単葉

スギ
（オモテスギ）
ヒノキ科　*Cryptomeria japonica*

互生

本州〜九州産（局所的）
主な人為拡散域：北海道南部以南
雌雄同株・異花／花期：(1,)2-4月
果熟期：10-12月

裸子植物

常緑針葉高木

球果
（約2〜3cm）

★★ 葉の断面は菱形〜四角形で根元は太い

樹姿　　うら

大きいものは樹高60mを超える。若木は鋭い円錐形で、老木は一木で大山となる。谷戸などの肥沃な湿潤地を好む。庭木や土とともに移入され、実生木が発生することがあるが、都市では大成しにくい。富山の立山杉や京都の北山杉、屋久島の屋久杉で知られる変種アシウスギ（ウラスギ）var. *radicans* などの地域的な種内分化や遺伝的な多様性が多くあると考えられ、エンコウスギ 'Araucarioides'、ヨレスギ 'Spiralis' など品種も多い。屋久杉などの球果

や種子が商品として売られることがあるが、人為攪乱は避けるべきである。我々の生活のために、国土景観を変えるほど多く植栽されてきた樹木である。

雄花　雌花

若い球果

林床　枝下空間

● 変種アシウスギ（ウラスギ）

葉は小さく、内側に湾曲して痛くない

アシウスギの人工林　仕立てものの樹姿

裸子植物

常緑針葉高木

葉うら

★★ 葉うらの気孔帯は白色。中央の緑色帯と同幅か広い

葉は細長く、硬い

両縁は厚く、微鋸歯がある

球果(落果)
(約3〜4cm)
種鱗は硬く痛い

若くして枯れた**球果**

基部付近が幅広、葉先に向けて細い

表

樹形はスギのようにまっすぐに立つ。

コウヨウザン

ヒノキ科　*Cunninghamia lanceolata*

外国産(中国)
主な人為拡散域：東北以南
雌雄同株・異花／花期：(3,)4月
果熟期：10〜11月

葉の長さ
1.5〜5cm

| 単葉 |
| 互生 |
| 裸子植物 |
| 常緑針葉高木 |

表うらは明瞭

★ 葉先はとがり、非常に痛い

着葉枝は無毛

樹冠

うら

社寺や公園などに、また広い庭にも植えられることがある。成長は早く、樹高は普通8〜25m、高いものは35mに達する。着葉枝は重そうに低く垂れ、あまり上品な雰囲気ではないかもしれない。葉は長くとがって泣きたいほどに痛く、外見的にも迫力がある。年老いて枯れると、さらに頑固に強硬である。球果は枝先につき、その種鱗は先端がとがって痛く、暴力的な美しさがおもしろい。葉をもむと、カヤに近い青臭い香りがある。【似ている樹種：22モミ、55カヤ】

通常の葉

スギ状の葉

球果
（約6〜9 mm）

種鱗先端の小突起は小さい

生垣状の列植

★★ 表とうらは不明瞭

手に引っかからない

通常の葉

葉の長さ
0.1〜0.3 cm

らせん状に炎が燃え上がるような円錐形の樹形。

カイヅカイブキ

ヒノキ科　*Juniperus chinensis* 'Kaizuka'

栽培品種
主な人為拡散域：北海道中部以南
雌雄異株ときに同株・異花／花期：3-4月
果熟期：11-1月

単葉

対生

　樹高は普通2〜6 m、大きいものは関東地方以西に多く15 mを超す。枝葉が密生し、下枝が枯れ上がりにくい。火に弱いとされることが多い。岩ш信文博士により、世界で唯一、炎がなくとも輻射熱だけで炎上が確認されたが、杉板や人体とは比較にならないほど強いことも同博士により証明された。原種イブキ *J. chinensis* を挿し木により増殖した栽培種。イブキは東北中部以南原産で北海道にも植えられ、樹高25 mになる。葉はカイヅカイブキより疎で細く、樹形はらせんが弱い。
【似ている樹種：42 チャボヒバ】

★★ 表とうらは不明瞭

スギ状の葉

成熟した雌花

部分的に、スギの葉のような鋭く痛い葉群がある

樹姿刈込み

裸子植物

常緑針葉中高木

冬の樹姿

葉うらの気孔帯は目立たない

球果

雄花

葉も着葉枝も対生する

★★ 葉は対生 大きさは比較的揃う

春の新緑、秋の黄葉、冬の裸木が美しい。

先は急にとがり、凸形

メタセコイア
（アケボノスギ）
ヒノキ科 *Metasequoia glyptostroboides*

単葉

対生

外国産（中国）
主な人為拡散域：北海道中部以南
雌雄同株・異花／花期：2-3月
果熟期：10月

表

葉の長さ
0.8〜3 cm

★ 着葉枝は対生、葉は約40〜80枚

裸子植物

紅葉期の樹姿

樹姿

うら

球果
（約2〜2.8 cm）

種子

落葉針葉高木

都市で使われる落葉針葉樹は、主にメタセコイアとラクウショウ、カラマツの3種。樹形は端正で円錐形に整い、成長が早く樹高は普通8〜15 m、大きいものは30 mを超す。葉をもむと松葉の青臭さが強い。第二次大戦終期、三木茂博士が日本で化石を発見。その後中国で生存木が確認された。そして、1950年代以降急速に全国へ広まった。大自然が絶滅させたものを人為的に増殖させたため、病虫害がまだ少なく、近づく生き物も少ない。生態系として異質な巨大生物である。

【似ている樹種】51 センペルセコイア、52 ラクウショウ

葉の先端は
急にとがり
凸形

葉うらが白く明るい

着葉枝は緑色で互生、
約3〜20cm
葉は約20〜100枚

球果 メタ
セコイアに
似ている
（約1.5〜
1.8cm）

葉うらの
気孔線は
白く明瞭

常緑針葉樹にしては樹冠が柔らかい

表

葉の長さ
0.5〜2cm

世界一、背の高い樹木として知られる。

センペルセコイア
（セコイア、セコイアメスギ、イチイモドキ）
ヒノキ科　*Sequoia sempervirens*

外国産 (北アメリカ)
主な人為拡散域：北海道南部〜九州
雌雄同株・異花／花期：2-3(,4) 月
果熟期：10 月

単葉

互生

裸子植物

常緑針葉高木

うら

樹姿

★★ 葉は質厚で硬い、
見た目はラクウ
ショウ、手触り
はイチイに似る

カリフォルニアの最高樹高は 110 m
以上。日本では明治以降、各地の公園
や社寺、植物園などに植えられ、主幹
はまっすぐに伸び、樹形は端正で 35
〜 40 m を超える。BIG でアメリカンな
イメージがあり、その名にあやかる日
本製のチョコレートがありおいしい。葉
は見た目よりも硬く、手触りは別名にも
あるようにイチイに似ている。樹肌は
スギに似ており、葉や球果はメタセコ
イアに似ている。葉をもむと、オレン
ジの皮のような爽やかな芳香が強い。

【似ている樹種：50 メタセコイア、52 ラクウショウ】

51

葉うらの気孔帯は目立たない

着葉枝は互生する

落果　落ちた衝撃で分裂するものが多い

若い球果

着葉枝は互生
葉は100～170枚

★ 葉は次第に短く、先端部は小米形

★★ 葉は互生する

表

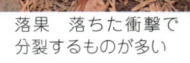

葉の長さ
0.6～2 cm

壮木は根の一部から地上へ気根を出す。

単葉

ラクウショウ
（ヌマスギ）
ヒノキ科　*Taxodium distichum*

外国産（北・中アメリカ）
主な人為拡散域：北海道南部以南
雌雄同株・異花／花期：4(,5)月
果熟期：10-12月

互生

裸子植物

膝根が成長する

落葉針葉高木

葉の先端は緩やかにとがる

うら

樹姿

落羽松。葉は羽のようにつく。乾燥や痩地、潮風に弱く、水湿地に強い。春の新緑は爽やか、秋の黄葉も美しい。樹高は普通7～20 m、大きいものは30 m前後。葉をもむと、松葉の青臭さがある。落果は黄橙色の樹脂が豊富で、大事に持ち歩くと手の平全部が黄色くなる。種鱗間の弾力ある大きなヤニ袋を爪で押すと、突然破裂して顔中に飛び散り、時間とともに粘着性が増し、洗っても落ちない。球果はヒノキ材のようなヤニくさい芳香が強く、小枝を削っても似た香りがある。

【似ている樹種：50 メタセコイア、51 センペルセコイア】

★ 鱗片葉は大きめ
でとがらない

裂開した球果

別種ネズコ（クロベ）
蜜腺は目立たない

★★ 鱗片葉の中央
に大きな蜜腺

葉

表

葉の長さ
0.2～0.5 cm

葉には甘い芳香を放つにおい袋がある。

ニオイヒバ

ヒノキ科　*Thuja occidentalis*

外国産（北アメリカほか）
主な人為拡散域：北海道～九州
雌雄同株・異花／花期：3-4(,5) 月
果熟期：9-10月

単葉

対生

裸子植物

常緑針葉中木

表うらは不明瞭

生垣状の樹姿

うら

無毛

球果は長さ
約8～9 mm

樹姿

日本産ネズコ（クロベ）*T. standishii* と同属の外来種。鱗片葉を持つ都市樹木では、比較的葉が大きいものの一つ。樹高は普通 1.5～5 m 程度で、成長は遅く、枝は比較的密に出て生垣風の植栽が多い。成長すると 7～10 m、そして 20 m に達するという。葉の中央にあるにおい袋を、爪や楊枝でつぶすと、パイナップルと柑橘類を混合したような強い香りが流れ、一度かいだら忘れない。芳香には個体差があり、香りの強い品種が作られている。

【似ている樹種：42 チャボヒバ、54 コノテガシワ】

雌花

気孔は白点状、両面にある

表

うら

原種コノテガシワの着葉枝と球果

若い球果 角がある

着葉枝は手の平ほどの大きさの縦板状。

★★ 表うらは不明瞭

★ 鱗片葉の先はとがらず、滑らか

表

コノテガシワ'センジュ'

単葉

ヒノキ科　*Thuja orientalis* 'Compacta'

対生

栽培品種
主な人為拡散域：北海道中部以南
雌雄同株・異花／花期：(2,)3-4月
果熟期：10-12月

葉の長さ
約0.15 cm

裸子植物

裂開した球果

落果

うら

樹姿

常緑針葉中低木

無毛

もっとも一般的なコノテガシワ属。若い樹冠は整った卵形で、庭木などによく使われるが、年をとるほどに体型が崩れ、切り捨てられる。樹高は普通1.5〜7 m。葉先が黄色を帯びるものや青みの強いもの、寒中に赤みが増すものなどの品種があり、カイヅカイブキとともに近年の都市で多く植えられてきた針葉樹。原種コノテガシワ *T. orientalis* はまれに公園などに植えられ、樹高10 m以上になり、枝はヒノキに似て少し垂れ、樹形は乱れる。

【似ている樹種：41 ヒノキ、53 ニオイヒバ】

変種チャボガヤの葉と雄花

種子 螺旋模様があり、アーモンドに似ている

★ 葉の先端はとがり痛い

光沢強く、幅は比較的一定

表

葉の長さ 1.5〜3 cm

★★ 葉うらの気孔帯は白色、中央の緑色帯より狭い

核果状種子

種子は緑色のまま落下し、地上で褐色に変わる。

カヤ

イチイ科　*Torreya nucifera*

自然分布：東北中部〜九州
主な人為拡散域：東北〜九州
雌雄異株／花期：4-5 月
果熟期：9-10 月

単葉

互生

裸子植物

常緑針葉中高木

　樹高は普通 10〜15 m、大木は東北地方南部以南、特に関東地方以西に多く、40 m を超える。葉先は鋭く、ときに驚愕の痛さだが、小さい葉やひこばえ、若葉には痛くないものがある。葉をもむと、ナギに似たわきがのような清涼感のある香気がある。外種皮は樹脂が充満し強くべとつき、匂いは葉より強烈で恍惚。石鹸で洗っても消えない。低木の変種チャボガヤ var. *radicans* は日本海側産で、葉は狭卵形で少し短く、葉身の基部付近が最も広い。太平洋側の庭園などにも植えられる。

【似ている樹種：22 モミ、40 イヌガヤ】

うら

着葉枝は無毛

熟した種子

樹姿

種子 赤い部分以外は有毒

種子はいっせいには熟さない

うらは淡緑色で、気孔線は不明瞭

うらから見た葉

葉は、枝から水平に出る。

イチイ
（オンコ、アララギ）
イチイ科　*Taxus cuspidata*

単葉

互生

裸子植物

常緑針葉中高木

北海道〜九州産
主な人為拡散域：北海道〜九州
雌雄異株／花期：3-4(,5)月
果熟期：9-10(,11)月

表

★葉は短く、先端は痛くない

葉の長さ
1〜2.5 cm

低木状の樹姿

無毛、一年枝は緑色

樹姿

★着葉枝の上下は明瞭

うら

樹高は普通4〜15 m、典型的なイチイは幹が真っ直ぐに伸びて高木になる。成長は遅い。大木のほとんどは北海道にあり、高いものは25 mを超える。変種キャラボクへの連続的な変異個体が存在し、キャラボクを含めて総称してイチイ、オンコと呼んでいる地方が多い。初秋、雌木にクリスマスチックな実がつき、赤い仮種皮はみずみずしくて期待通り甘いが、これを除く全体が有毒で、死亡例もあるという。葉に香気があるとされることもあるが、通常は単に青臭い。【似ている樹種：56 イヌガヤ】

雌花

種子

うら

葉

表

★ 葉は短く、痛くない
★★ 着葉枝の上下は不明瞭

葉の長さ 0.8～2 cm

葉は、枝から螺旋状に出る。

キャラボク

イチイ科 *Taxus cuspidata* var. *nana*

東北中部～中国地方（日本海側）
主な人為拡散域：北海道南部～九州
雌雄異株／花期：(3,)4―5月
果熟期：10―11月

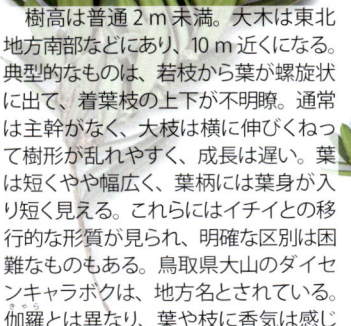

単葉

互生

裸子植物

常緑針葉低木

樹高は普通2m未満。大木は東北地方南部などにあり、10m近くになる。典型的なものは、若枝から葉が螺旋状に出て、着葉枝の上下が不明瞭。通常は主幹がなく、大枝は横に伸びくねって樹形が乱れやすく、成長は遅い。葉は短くやや幅広く、葉柄には葉身が入り短く見える。これらにはイチイとの移行的な形質が見られ、明確な区別は困難なものもある。鳥取県大山のダイセンキャラボクは、地方名とされている。伽羅とは異なり、葉や枝に香気は感じられない。【似ている樹種：56 イチイ、22 チョウセンマキ】

うら

無毛

幹は叢生し、横へよく分岐する

樹姿　刈込み

樹姿 植込み

57

被子植物

タイサンボク
ハクモクレン
ソシンロウバイ
シデコブシ
タブノキ
タムシバ
シキミ
ヤマコウバシ
モミジバスズカケノキ
ヤブニッケイ
クスノキ
ゲッケイジュ
シロダモ
シナマンサク
アメリカスズカケノキ
ナンテン
マンサク
ムクノキ
ヒイラギナンテン
カツラ
ヒメユズリハ
モミジバフウ
カジノキ
エノキ
ケヤキ
マグワ
イチジク
コウソ
アキニレ
ツブラジイ
スダジイ
マテバシイ
イヌビワ
ヤマモモ
シラカシ
ウバメガシ
クヌギ
ミズナラ
コナラ
シリブカガシ
アカガシ
アラカシ
カシワ
サザンカ
カンツバキ
チャノキ
ボダイジュ
モッコク
ナツツバキ
ホルトノキ
クリ
サカキ
シャシャンボ
ムクゲ
ヒサカキ
マメガキ
エゴノキ
ハクウンボク
カキノキ
モモ
イイギリ
ニワウメ
ウメ
アンズ

カリン　ボケ　ナシ　オオヤマザクラ　オオシマザクラ　ソメイヨシノ　ヒメリンゴ　ヒマラヤトキワサンザシ
イヌザクラ　ウワミズザクラ　トキワサンザシ　シャリンバイ
オオカナメモチ　タチバナモドキ　エンジュ（種子）
セイヨウリンゴ（種子）　モリシマアカシア　ハナミズキ
ハナセンナ（種子）　アオキ　トウグミ　ナワシログミ　アキグミ　ニセアカシア　ヤマボウシ
アメリカデイゴ　ハナズオウ　ミズキ　サンシュユ（種子）
ザクロ　クロガネモチ　ウメモドキ　ニシキギ　マユミ　シイモチ　タラヨウ　モチノキ　ソヨゴ
イヌツゲ　ナンキンハゼ　ケンポナシ　ムクロジ　イロハモミジ
トチノキ　セイヨウトチノキ　オオモミジ　ウリハダカエデ　ウルシ
センダン　ミカン　ユズ　キンカン　カイノキ　ヤマハゼ
カラタチ　クサギ　ナツミカン　ネズミモチ　サンゴジュ　サンショウ　コクサギ
コムラサキ　オリーブ　クチナシ　キリ
ウスギモクセイ（核）　トウネズミモチ
トウジュロ

新しい葉は愛らしく、
新緑はみずみずしい

黄葉

チューリップのような花

落果

表

葉は半纏、花はチューリップ。

ユリノキ
(ハンテンボク、チューリップツリー)
モクレン科　*Liriodendron tulipifera*

外国産 (北アメリカ)
主な人為拡散域：北海道中部以南
雌雄同株・同花／花期：5-6月
果熟期：11-12月

★★ 葉は半纏に似て、
4裂ときに6裂

葉の長さ
15〜35 cm

単葉
全縁浅裂
互生
被子植物
落葉広葉高木

別種シナユリノキ（黄葉）

帯白色、脈沿い
などに毛が散生

葉柄は硬く
長く無毛、
大部分は断
面が丸い

うら

樹姿

日本で最も古く植栽されたものの一つが小石川植物園にあり、この花をご覧になった大正天皇による命名とされる。街路や公園、学校などに多く植えられる。樹高は普通6〜20 m、大きなものは35 m。葉をもむとニスのような鼻をつく青臭さがあり、枝を削るとレモンサイダーのような爽やかな芳香がある。別種シナユリノキ *L. chinense* は、裂片の各先端がユリノキよりも少しとがり、側裂片の幅が狭い。中国〜ベトナムに分布し、個体数は減っているという。

ホソバタイサンボクの葉

ホソバタイサンボクの花

タイサンボク　見上げた樹冠

★★ホソバタイサンボクの葉うらは橙茶色の毛が全面に密生

強い光沢
両面とも網脈が浮き出す
表
葉の縁はうらへ湾曲
ホソバタイサンボク
葉の長さ 12〜25cm
うら
全周に毛が密

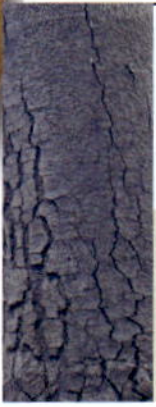

都市でよく見るのは変種ホソバタイサンボク。

タイサンボク
（ハクレンボク）
モクレン科　*Magnolia grandiflora*

外国産（北アメリカ）
主な人為拡散域：東北中部以南
雌雄同株・同花／花期：5-7月
果熟期：10-11月

単葉／全縁／互生

被子植物

常緑広葉高木

公園などに植栽されているものは、変種ホソバタイサンボク var. *lanceolata*。タイサンボクは葉が比較的丸く、ホソバタイサンボクよりも薄く、葉うらの毛が少ない。下枝の葉うらの毛は、薄くて緑色に見えるが、樹冠上部の葉など毛が多いものや、ホソバタイサンボクと中間的な形質を持つものがある。実生から育てられた品種など、葉の形態にも変異が知られている。日本の都市緑化では、これらを区別せずタイサンボクとして扱ってきた。樹高は20m前後になる。

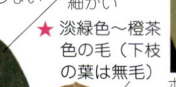

葉の縁はうらへ湾曲しない
網脈は細かい
★淡緑色〜橙茶色の毛（下枝の葉は無毛）
ホソバタイサンボクの若い袋果 
樹姿
表　タイサンボク　うら
葉の長さ 10〜25cm
全周に毛が密
ホソバタイサンボク

★★ 葉は柔らかい革質で、ビロード調の手触り

花芯に芳香。花弁は9枚で、やがてゴム臭い

袋果

裂けたような三角形の溝、毛が密

葉

大木の幹と枝振り

花

★★ 倒卵形〜円形

脈上に晩落性の毛

表

花はコブシよりも鼻の差で早く、空を向いて咲く。

ハクモクレン

モクレン科　*Magnolia heptapeta*

外国産（中国）
主な人為拡散域：北海道〜九州
雌雄同株・同花／花期：3-4月
果熟期：9〜10月

単葉／全縁／互生

被子植物

落葉広葉高木

葉の長さ 10〜20cm

★ くちばし状に突出

雑種ソトベニハクモクレン

樹姿

脈上などに晩落性の毛

うら

普通5〜10m、高いものは25m以上。花は純白に近い生成色。成熟するまでは、つんとして上を向き花芯は見せない。美しさは続かず、瞬く間に汚れて花芯を開く。晩夏、花芯が鉛直に立ったまま残り、受粉した場所がふくらむのを亀頭や睾丸に見立て喜ぶ。別種シモクレンとの雑種で、花弁の外側が紅紫色などの品種群は、ソトベニハクモクレン、サラサモクレン、ソコベニハクモクレンなどと呼ばれ、本種と同時か少し遅れて咲く。よく結実し、樹高は高く、中木以上。

【似ている樹種：63 シモクレン、64 コブシ】

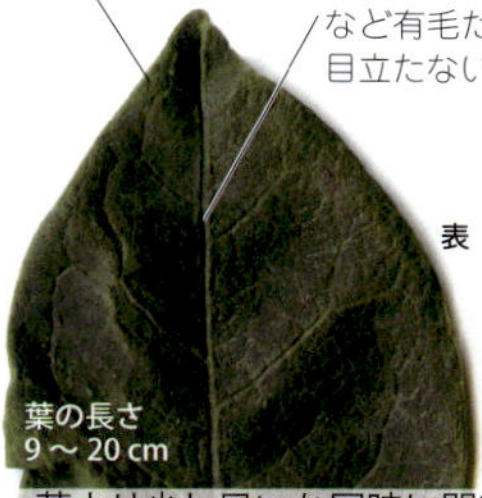

★★ 葉はシボ状、厚い洋紙質で波打ち、コブシより滑らか

花弁の内側は外側より少し薄い赤紫色

袋果

裂けたような長三角形の溝、毛は少ない

北の空を向く

★★ 楕円形

両面とも脈上など有毛だが目立たない

表

葉の長さ 9〜20 cm

葉をもむと、樟脳のような弱い芳香。

シモクレン
（モクレン）
モクレン科　*Magnolia quinquepeta*

外国産（中国）
主な人為拡散域：北海道中南部以南
雌雄同株・同花／花期：(3,)4-5月
果熟期：(9,)10-11月

単葉

全縁

互生

直線状にとがる

葉より少し早いか同時に開花し、花弁の内外がほぼ同色のものや内側が柑橘状に紅白で基部が赤紫色のものなど変異がある。花弁は6枚、へら形に先が太い。萼片は黄緑色で3枚、細く小さい。幹はよく分岐して横に広がり、樹高は高くても5〜6m程度で、2〜4mのものが多い。花弁が6枚で内側が白っぽい変種トウモクレン var. *gracilis* がある。花はシモクレンより小さく、花弁が細く、中央部付近が最も太く、人差し指より短い7cm以下の花弁を持つものが混じる。

変種トウモクレン

うら　樹姿

被子植物

落葉広葉中木

【似ている樹種：62 ハクモクレンとの交雑種】

★★ 葉はシボ状で、粗い洋紙質〜革質で波打つ

裂けたような三角形の溝で、毛は少ない

花弁は普通6枚

花の直下に1枚の葉がつく。

コブシ

モクレン科　*Magnolia kobus*

北海道〜九州
主な人為拡散域：北海道〜九州
雌雄同株・同花／花期：3–4(,5)月
果熟期：9–10月

★★ 倒卵形〜楕円形

ほぼ無毛

表

葉の長さ 7〜25 cm

単葉
全縁
互生

被子植物

落葉広葉高木

新葉はごく短期間赤褐色を帯びる

尾状〜くちばし状

網脈が浮き出る

脈腋、主脈沿いなどに晩落性の伏毛

うら

樹姿　夏のコブシ

　春、ハクモクレンとほぼ同時、遅いものはハクモクレンが散るころに芳香のある花が咲く。主幹が力強く樹形は端正。樹高は普通6〜10 mで、大木は温帯に多く、30 m前後。やせて乾燥しがちな土壌には向かない。秋、握り切らぬ媼のこぶしのような気味の悪い果実が熟し、赤い種子がのぞく。花の直下に1枚の葉がつき、「妻のこぶしに歯（葉）がひとつ」。葉をもむと弱い香気があり、小枝を削るとその瞬間は強い柑橘系の芳香がある。

【似ている樹種：62 ハクモクレン、63 シモクレン、66 タムシバ、67 シデコブシ】

花の下に葉が1枚

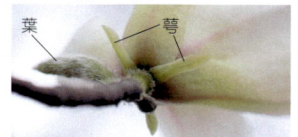

葉　　萼

萼片は3枚で小さい

まれに萼片が花弁化し9枚の花弁に見える

若い**袋果**と葉

袋果

種子
（約10～
14 mm）

熟した**袋果**

● 変種キタコブシ（エゾコブシ）

　変種キタコブシ var. *borealis* は東北地方中部以北の日本海側などに自生し、葉や花が大きいものが多い。都市緑化ではコブシとあまり区別せずに扱ってきた。

花弁基部の桃色が濃い

幹　　花芯　　花芽

被子植物

落葉広葉高木

★★ 葉うらは粉白色を帯び、はじめ微毛

花の直下の葉は、必ず出るわけではない

袋果　消失しがちな細溝

袋果　コブシに似る

次第に直線状〜くちばし状

ほぼ無毛光沢ない

花の芳香は、コブシより格段によい。

タムシバ
（ニオイコブシ、カムシバ）
モクレン科　*Magnolia salicifolia*

本州〜九州産（主に日本海側）
主な人為拡散域：北海道中南部〜九州
雌雄同株・同花／花期：4-5月
果熟期：9-10月

葉の長さ7〜16cm

表

単葉／全縁／互生

被子植物

落葉広葉中高木

花芯　ピンクで、強く甘い匂い

★ 狭卵形〜狭楕円形

萼片　細く、3枚

うら

　花は春、コブシより遅く、シモクレンより一足早く咲く。杏仁豆腐によく似た官能的な甘い香りで、多数の昆虫が集まる。夢中で吸うと小バエやハネカクシの類を吸い込んで驚愕する。樹高は公園などで普通2〜6m、次第に10mを超える。葉をもむと甘い芳香を発し、口に入れて噛むと清涼感のある青臭さがあり、これはグリーンガムの香りに近い。小枝の表皮を削ると瞬間、コブシのような柑橘っぽさにクスノキの渋い芳香を混ぜたような香りがある。

【似ている樹種：64 コブシ、67 シデコブシ】

上面などに毛

裂けたような三角形の溝、毛がある

葉は細長いものが多い

花弁は細く、数が多い
開花初期の花

ごく薄い紅色の品種が多い

★★ 狭倒卵形〜楕円形で、波打つ

★★ 質感はコブシと同じ

花びらは細くて多く、10〜12片以上。

シデコブシ
（ヒメコブシ）
モクレン科　*Magnolia stellata*

本州中部産
主な人為拡散域：北海道南部〜九州
雌雄同株・同花／花期：3-4月
果熟期：9-10月

表

葉の長さ
6〜12 cm

単葉

全縁

互生

花はコブシに少し遅れて咲くものや早く咲くものがある。白〜淡紅色のものが多く、淡紅色のものは多少の更紗模様となり、庭木として好まれる。紅色の濃いものをベニコブシ（ヒメシデコブシ）として区別することがあるが、紅色を含め多数の品種があって、区別は難しい。樹高は普通2〜5m、高いものは10m以上。自生地は限定的で絶滅と遺伝的な攪乱が懸念される。葉をもむと青リンゴの皮のような微かな芳香があり、枝を削ると、レモンサイダーのような爽やかな芳香が強い。

★ 丸い、直線状に少し突出する

脈上の毛は、次第に落ちる

くさび形

うら

種子は橙色

袋果　コブシとほぼ同じ

夏の樹姿

【似ている樹種：64 コブシ、66 タムシバ】

被子植物

落葉広葉中高木

★ 葉うらの主脈や葉脈などに寝た長毛

小さくモクレン科らしい花

残った花柱
小枝には褐色の毛

★★ 葉柄は短く、上面に褐色の毛（次第に落ちる）

開き切った花　たくさんの雄しべは開く

花は、バナナによく似た芳香が鮮烈。

カラタネオガタマ
（トウオガタマ）

モクレン科　*Michelia figo*

単葉／全縁／互生／被子植物／常緑広葉中低木

外国産（中国）
主な人為拡散域：関東以西
雌雄同株・同花／花期：(4,)5–6月
果熟期：10–11月

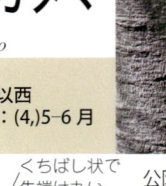

表
質厚
葉表はほぼ無毛
葉の長さ 4〜10cm

くちばし状で先端は丸い

葉は互生　冬芽は褐色の毛で被われる

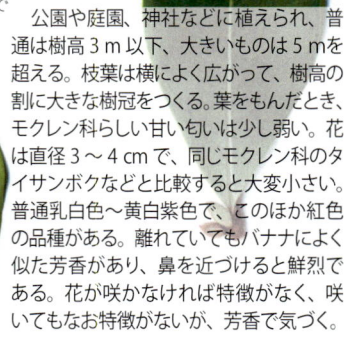

樹姿　　うら

公園や庭園、神社などに植えられ、普通は樹高3m以下、大きいものは5mを超える。枝葉は横によく広がって、樹高の割に大きな樹冠をつくる。葉をもんだとき、モクレン科らしい甘い匂いは少し弱い。花は直径3〜4cmで、同じモクレン科のタイサンボクなどと比較すると大変小さい。普通乳白色〜黄白紫色で、このほか紅色の品種がある。離れていてもバナナによく似た芳香があり、鼻を近づけると鮮烈である。花が咲かなければ特徴がなく、咲いてもなお特徴がないが、芳香で気づく。

【似ている樹種：69 オガタマノキ、71 シキミ】

葉柄上面の溝に寝た長毛が密 ★★

葉

花と実殻

花は甘い香り

弱い光沢
厚くない

表

両面とも
無毛

葉の長さ
7〜15
cm

比較的古くて大きな木が多い。

オガタマノキ
（トキワコブシ）
モクレン科　*Michelia compressa*

関東南部以西産
主な人為拡散域：関東以西
雌雄同株・同花／花期：2-4月
果熟期：(10,)11-12月

単葉

全縁

互生

被子植物

常緑広葉高木

葉うらは白色を帯びた淡緑色

若枝は、ほぼ無毛

側脈や細脈は目立たない

少し毛が残る

大木の樹冠

オガタマとは招霊であるという。サカキと同様に神事に使われたそうだが、見たことはない。普通は樹高5〜15m程度、大きなものは多くが三重県以西にあり、樹高25mになる。比較的古くて大きな木が多く、神社や公園、庭園、旧家などに植えられている。花は甘い香りを漂わせ、葉をもむと、微かにリンゴのような甘い匂いがある。若枝は短毛があることがあるが、ほとんど無毛。モクレン科らしく、枝を周回する線状の托葉痕がある。

【似ている樹種：68 カラタネオガタマ】　うら　★★ 葉柄が長い

葉は単葉で枝先に多い

★葉うらは長短毛が密 サワサワした感触

葉のうらは、次第に粉をふき白くなる

基半などに裂けたような溝がある

花の雄しべが開き、先に落ちつつある

★★大きくて全縁、無毛

若い樹皮は平滑で肌白く、山の中で目を惹く。

ホオノキ

モクレン科 *Magnolia obovata*

単葉
全縁
互生

北海道〜九州産
主な人為拡散域：北海道〜九州
雌雄同株・同花／花期：5-6月
果熟期：9〜11月

表
葉の長さ
25〜45cm

被子植物
落葉広葉高木

側脈は整った肋骨状

袋果

樹姿　うら

温帯の山に多く自生する。樹高は約7〜20m、高いものは25〜30m。樹形は優美で、主幹が一直線に空に向かう。葉は、単葉の被子植物木本類ではキリとならび本土最大。これにはモクレン科の甘い芳香があり、葉柄を噛むとショウガのようなさわやかな辛みがあって虫がつきにくく、落葉は新しい家具のような香りがある。落葉は多くがうつむきに地に伏し、累々と白く横たわる。枝を削った瞬間、モクレンとは違うヒノキに近い柑橘系の芳香がある。【似ている樹種：256 トチノキ】

葉は枝先に多くつく

無毛、湾曲することが多い

葉の基部はくさび形で、麗しく葉柄に沿う

花柄が短く、花弁が細長い

★ 葉は厚く柔らかく、緩やかに湾曲

★ 主脈基半は突出する

葉の長さ 4〜13 cm

表

有毒で、誤食などによる死亡例がある。

シキミ

シキミ科 *Illicium anisatum*

東北南部以南産
主な人為拡散域：東北南部以南
雌雄同株・同花／花期：3-4月
果熟期：(8,)9-10月

くちばし状に長い

袋果 8本の角があり、角までの線が割れて8裂開する

野外で炊飯をする場合には、存在を確認しておく必要がある。近づくまでは特徴がなく、ひっそり目立たないが、花と果実には恐るべき強烈な個性がある。社寺や墓地によく植えられ、土葬の死臭を消すといわれる。腐乱防止作用があるとされ、腐りやすい樹種の挿し木には土中にシキミ挿しを併用する造園技法もある。樹高は普通2〜10 m、西日本などで15 mに達するものがある。葉は両面とも微かに香気があり、もむとウンシュウミカンの青皮とリンゴの皮を混ぜたように香しい。【似ている樹種：68 カラタネオガタマ、93 イスノキ、143 サカキ】

葉縁は厚い

うら

下枝がよく残り、陰気な雰囲気

単葉
全縁
互生

被子植物

常緑広葉高木

花芯は赤紫色を帯びる

葉は対生
逆なですると、ざらつく

花被片は半透明の黄色で多数、先がとがる

葉柄は短く、微毛または無毛

花は早春、マンサクに先駆けて咲く。

ロウバイ

ロウバイ科　*Chimonanthus praecox*

外国産（中国）
主な人為拡散域：北海道南部〜九州
雌雄同株・同花／花期：(12,)1-2(-4) 月
果熟期：(8,)9-11 月

単葉／全縁／対生

被子植物

落葉広葉中低木

★★ 表は強くざらつく

★ 両面ともにぶい光沢

葉の長さ
7〜15 cm

うらは、ざらつかない

日に透かすと、大小の目立たない油点

初冬の黄葉

開花期の樹姿

表

うら

花は早春、風のない寒中にスイセンのような甘く爽やかな芳香を広げる。外側の花被片はソシンロウバイのように透明感のある黄色で先端はやさしくとがり、内側の花被片は赤紫〜茶紫色。樹高は普通 2〜6 m。葉や果実はソシンロウバイと同じ。果実は楕円形で微笑ましく、先端はおちょぼ口。晩夏に熟し、翌年まで枝上に残って骸骨のようにしょぼくれる。この中には、長さ約 1.5 cm のがま口形のゴキブリの卵塊のようなアズキ色の蒴果があり、冬、ほろほろとこぼれる。【似ている樹種：73 ソシンロウバイ】

葉は薄く大きい
葉柄は短く全体に毛
壺状果の中に、ゴキブリの卵塊のような蒴果がある
花被片はすべて半透明な黄色、先は丸い 

★ 葉の両面に光沢がある
★★ 表は強くざらつく
葉の長さ 8〜10 cm
表

汚れなき清楚さが愛され、ロウバイよりも多い。
ソシンロウバイ
ロウバイ科 *Chimonanthus praecox* f. *concolor*

外国産(中国)
主な人為拡散域：東北中部〜九州
雌雄同株・同花／花期：(12),1-2(-4)月
果熟期：(7),8-10(,11)月

単葉
全縁
対生

　花はロウバイと同様に芳香が強い。花被片は花芯に近いものもふくめ全体が半透明な黄色。普通は高さ2〜4m。つぎ木により選抜育種が行われ、花つきがよく花被片が厚く大きなものをマンゲツロウバイなどとして区別することがあり、12月から咲くものもある。葉の表は強烈にざらつくので、紙ヤスリ代わりにならないこともないが、耐久性に欠ける。果実はロウバイと同じく、壺状のおちょぼ口。虫使いのムシのようで愛嬌がある。　【似ている樹種：72 ロウバイ】

うらは、ざらつかない
日に透かすと、大小の油点が散在
葉は対生し、頂葉が大きい 
うら
開花期の樹冠

被子植物
落葉広葉中低木

73

葉はクスノキより厚い

葉うらは無毛で帯白色

青黒く熟す

葉は互生だが、枝先など対生に見えるものが少なくない

★★
両側の二脈は、葉身の2/3〜3/4程度まで

やや幅広い、無毛

表

葉の長さ 7〜14 cm

香りは際立たず、葉うらの白さも目立たない庭園の名脇役

ヤブニッケイ

クスノキ科　*Cinnamomum japonicum*

関東中南部以西産
主な人為拡散域：東北中部以南
雌雄同株・同花／花期：6-7月
果熟期：(10,)11−12月

単葉／全縁／互生

被子植物

常緑広葉高木

★ 無毛で帯白色　とれにくい

うら

液果　アブラムシとアリが集まっている

無毛

樹冠

　都市では雑木林、屋敷林、社寺林などにみられる。庭園に植えられることはあまりないが、公園林などの下木として植栽されることがある。樹高は普通4〜10 m、大きいものは暖地にあって15〜20 mを超すものがあるが、樹林の中心的な構成種になるほどではない。葉は互生するが、かなりの部分が対生に近い。脈は三行脈で、クスノキやシロダモよりも明瞭だが、ニッケイほど強烈な三行脈ではない。葉をもむとクスノキによく似た、そして少し甘い芳香がある。

【似ている樹種：75 ニッケイ、76 シロダモ、77 クスノキ】

葉は互生だが、一部対生して先が長くとがり、幅が狭くて長い

葉の縁は硬い

透かすと、はしご状の細脈が目立つ

幅が狭い、無毛

★ 両側の二脈は直線状、葉身の 4/5 以上、先端付近まで

葉の長さ 10 〜 18 cm

表

京都の生八つ橋の甘い香りがする。

ニッケイ

クスノキ科　*Cinnamomum sieboldii*

外国産（中国）
主な人為拡散域：東北南部以西
雌雄同株・同花／花期：5-6 月
果熟期：11-12 月

単葉／全縁／互生

被子植物

常緑広葉高木

　樹高は普通 6 〜 15 m、大木は関東地方以西にみられ、20 〜 30 m になる。個体数は比較的少ないが、社寺や旧家、公園などに植えられている。日向にも日陰にも強い。葉はよく茂り、手にとってよく見ると、本質的な色彩は黄緑色ではなく、カーキ色を帯びることが多い。葉をもむと、クスノキ科の樟脳の匂いに加え、香ばしくて甘いニッキの香りがする。クスノキやヤブニッケイよりも明らかに優雅な香り。京都の八つ橋（特に生八つ橋の甘さ）の香りである。

【似ている樹種：74 ヤブニッケイ、76 シロダモ】

葉うらは白くなく、若葉はわずかな短毛がある

うら

緑白色〜黄緑色

樹姿

葉柄には茶色の毛が密生

葉は枝先に多くつく

★三行脈は明瞭
脈腋にダニ室はない

★★葉うら全体に白～淡茶白色の微状毛が密生

液果は鮮赤色に熟す

雄花の群

里山や屋敷林などに気軽に現れる雑木。

シロダモ

クスノキ科 *Neolitsea sericea*

東北南部以南産
主な人為拡散域：東北中部以南
雌雄異株／花期：10-11月
果熟期：(10,)11-12月

単葉
全縁
互生

被子植物

常緑広葉高木

表
葉の長さ
10～25 cm

両面とも三脈
上に長毛

うら

葉うらが白い

枝ごとに棚状になる

　樹高は普通4～10 m、高いものは約20 mになる。樹林下などの日陰でよく生育し、樹高は低いものが多い。幹は曲がりやすいが、屋敷林などで直立した大木に出会うことも少なくない。葉をもむと淡い香気がある。幼葉は長毛が目立ち、老葉は毛が少ない。成葉も、爪でひっかくと毛玉になり脱落する。この毛が少ない個体もある。南方産で葉うらの長毛が目立って残るものを、変種キンショクダモ var. *aurata* として区別する。

【似ている樹種：74 ヤブニッケイ、75 ニッケイ、77 クスノキ】

花

脈腋にダニ室がある ★★

葉うらを下から

新芽は赤みを帯びる

尾状にとがる

全縁で波打つ

★ 三行脈

葉の長さ 8〜16 cm

表

葉や果実には刺激的な芳香があり、落葉でも匂いが強い。

クスノキ

クスノキ科 *Cinnamomum camphora*

不詳：四国〜九州または外国産（中国）など
主な人為拡散域：東北中部以南
雌雄同株・同花／花期：5-6月
果熟期：10-12月

単葉
全縁
互生

緑白色〜黄緑色

うら

葉は三行脈が目立ち、明確に互生する

樹姿

被子植物

常緑広葉高木

日本で最も巨大になり、街路樹や庭には大きすぎる。樹高は公園などで概ね10〜20 m。巨木は東海地方以西に多く、高さ40〜50 m、幹周10〜15 mに達する。若い果実をもむと、葉よりさらに強いメントールに似た強烈な芳香がある。材は有用、葉は艶々しく、冬も緑を保ち、病虫害に強い健康優良樹。常緑樹としては明るい樹冠が異常に好まれ、都市域での人為拡散が著しい。大人のエゴが、昆虫をはじめとする都市の生態系や景観、子どもたちの環境観や生物観を狂わせている。【似ている樹種：74 ヤブニッケイ、76 シロダモ】

★★ 葉うらは帯白色。寝た長毛が密で角度により輝く

液果と葉うらの毛

上面には不明瞭な溝がある、短毛が密

液果は正球形
白く見えるのは果柄痕

葉は卵状楕円形で互生

西日本各地の里山の雑木林や屋敷林に。

ヤマコウバシ

クスノキ科　*Lindera glauca*

東北中部〜九州産
主な人為拡散域：東北中部〜九州
雌雄異株／花期：(3,)4-5月
果熟期：(9,)10-11月

単葉／全縁／互生／被子植物／落葉広葉中高木

★ 葉先は直線状にとがる

表

薄く硬く、常緑樹のような感触

葉の長さ 6〜11cm

主脈は帯白色で少し突出

枯葉が枝上に残る

冬の樹姿

下面は長毛が残るか無毛

うら

都市では公園などに植えられることがある。関東付近では、比較的少ない。樹高は普通3〜8m。冬になると、クヌギなどの枯葉とは違った色彩の端正な枯葉を枝にたくさん残し、目につく。果実は秋から晩秋に黒く熟し、光沢が強く、イヌツゲの果実よりも銀玉鉄砲の玉に限りなく近い大きさの正球形。葉をもむと、塩化ビニールの浮き輪のような懐かしい匂いがあり、枝を削ると、鰹節とショウブを足して割ったような香ばしさがある。

【似ている樹種：168 マメガキ、169 リュウキュウマメガキ】

葉

★ 葉うらは帯白色で、次第に落ちる長毛

上面には溝、次第に落ちる長毛

変種オオバクロモジ
雄花と新芽

黄緑色の小さな雄花

葉先は直線状～くちばし状

表

葉の長さ
5～14 cm

自生では林道沿いなど林縁によくみられる。

クロモジ

クスノキ科　*Lindera umbellata*

関東～四国産
主な人為拡散域：東北中部～九州
雌雄異株／花期：3-4(,5) 月
果熟期：(8,)9-10(11,) 月

単葉
全縁
互生
被子植物
落葉広葉中低木

都心の公園や庭園などで、樹林下に植えられることがある。樹高は5mを超えるが、普通は3m以下の低木であることが多い。落葉樹にしては葉がしっかりとしている。春、芽吹きの幼葉と黄緑色の小さな花群が可愛らしい。枝は弾力があり、枝を折るだけで芳香が漂う。この香りはクスノキに似ているが、さらに甘い。関東地方以北の東北から北海道にかけ、全体が少し大きな変種オオバクロモジ var. *membranacea* があり、葉うらの側脈が目立つ。

花芽

★★ 冬芽
2つの丸い花芽が葉芽を支えるようにつく

変種オオバクロモジの液果

うら　三行脈

樹姿

【似ている樹種：78 ヤマコウバシ、80 タブノキ】

頂芽は1個で大きい

★★ 葉うらは粉白色を帯びた黄緑色

★ 葉柄に溝はない

若い液果

閉じはじめた雄性期の花(右)と未熟な果実(左)

巨木になり、大きなものは35mを超える。

タブノキ
（イヌグス）
クスノキ科　*Machilus thunbergii*

単葉／全縁／互生／被子植物／常緑広葉高木

東北中部（沿岸域）以南産
主な人為拡散域：東北以南
雌雄同株・同花／花期：4-5月
果熟期：9-11月

やや革質
やわらかい

くちばし状
先端は鋭くない

光沢がある
両面無毛

表

葉の長さ
8〜16cm

樹姿

うら

タブノキの新芽や若い葉では、全体や葉柄が赤みを帯びる

別種ホソバタブ

東北地方中部以南の特に沿岸地方の都市に多い。樹高は普通6〜15m。花は、はじめ雌性期で葯の花粉が目立たず、やがて雌しべが退化するとともに花粉を出す雄性期となる。その後一度閉じて雄しべを捨て、肥大した子房を抱えて再度開く。葉をもむと、青臭いがクスノキに似た清涼感のある芳香がある。関東以西、特に西日本の内陸に自生する別種ホソバタブ(アオガシ)*M. japonica*は、タブノキより葉が細くて新芽や葉柄は赤くならない。

【似ている樹種：114 マテバシイ、116 アカガシ】

雄花は枝先を囲むように咲く

日向の若い葉は赤みを帯びる

雌花は少ない、雌しべが目立つ

葉は互生　中央は蕾

★ 縁はギョウザの耳のように規則的に波打つ

葉の長さ 5〜15 cm

両面無毛

表

葉は香辛料として世界各地で使われる。

ゲッケイジュ
（ローレル）
クスノキ科　*Laurus nobilis*

外国産（南ヨーロッパほか）
主な人為拡散域：東北中部以南
雌雄異株／花期：4-5月
果熟期：10〜11月

単葉

全縁

互生

　雌雄異株。雄株は花つきがよく、挿し木で多く増殖されてきた。雌株は、近年になって流通している。葉の多くは空に向けて立つ。大きいものは樹高12mを超える。普通2〜7mで、庭や公園、学校などに多い。乾燥させた葉は香辛料として世界各地で使われる。カレーなどに葉を入れることがあり、これ自体は美味しくないことがよく知られている。葉をもんだときの手触りは乾いていて、昭和の昔のフルーツガムのような甘い芳香がある。

帯黄白色の緑色、主脈は黄色

縁は波打たない

うら

★ 全周に微細なシボ

徒長枝の葉

液果　楕円状球形、やがて黒く熟す

刈込み樹姿

被子植物

常緑広葉高木

81

★ 奇数羽状複葉で、小葉は約9〜17枚　枝先に集まる

美しい黄色の花をつける

別種ホソバ
ヒイラギナンテンの葉

両面無毛
表は光沢

ヒイラギのような鋭く大きな鋸歯が、とても痛い。

ヒイラギナンテン

メギ科　*Mahonia japonica*

外国産（中国）
主な人為拡散域：北海道南部以南
雌雄同株・同花／花期：2–3月
果熟期：6–7月

奇数羽状
単鋸歯
互生

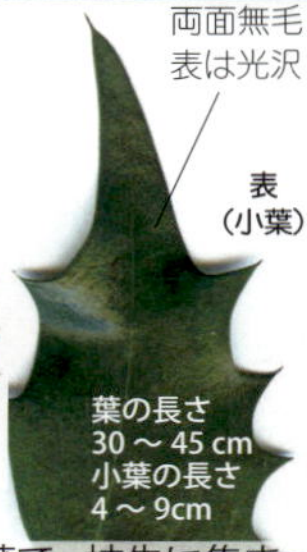

被子植物
常緑広葉低木

表
（小葉）

葉の長さ
30〜45 cm
小葉の長さ
4〜9cm

表
紅葉

液果は粉を吹く

★★ 先は尾状に長く、鋸歯は鋭く痛い

帯白緑
黄色
無光沢

うら
（小葉）

開花期の樹姿　　小葉柄は、ほとんどない

葉は奇数羽状複葉で、枝先に集まって放射状につく。小葉は柄がない。普通は1〜1.5m程度の低木として植えられ、大きくても4m程度。公園や街路、学校などの植え込みに多く植えられている。なまじ耐陰性があるため暗い場所によく植えられ、不遇とスス病に耐え忍ぶ。西向きの風通しの良い場所がよいといわれる。花は冬、もう寒さに飽きたころ、小さく黄色く、美しく咲く。別種ホソバヒイラギナンテン *M. fortunei* は庭園や公園などによく植えられ、葉が細く、秋に花が咲く。

液果

花にアリがいる

細い軸は有毛
太い軸は無毛
で稜がある

春〜初夏、白い花序をつける

★★ 小葉は小さい菱形、ほぼ無毛

紅葉

表

葉の長さ
40〜80cm
小葉の長さ
2〜8cm

真冬の、紅葉と果実が美しい。

ナンテン

メギ科　*Nandina domestica*

外国産(中国)
主な人為拡散域：東北以南
雌雄同株・同花／花期：5-7月
果熟期：(10),11-12月

奇数羽状
全縁
互生

小葉柄は
ほとんどない

葉の基部は茎を抱く

被子植物

常緑広葉低木

　常緑樹。高さ約1〜1.5mの植え込みや低木として植栽され、生垣として使われることもある。高いものは4m以上。小葉は小さく、羽片は1〜5枚。葉全体は二、三回奇数羽状複葉で大きい。果実は球形で先端がポチっととがり、とがった先まで赤くなる。葉をもむと線香のように辛気くさい匂いがあり、新梢にはサンショウに似た香りがある。小葉が細い品種キンシナンテンなど、多数の園芸種がある。

うら

広がりやすいため、結束されている

83

雄花

雌花

実殻と側芽

葉は対生

若葉の美しさをいつまでも持ち、立ち姿が爽やか。

カツラ

カツラ科　*Cercidiphyllum japonicum*

北海道〜九州産
主な人為拡散域：北海道〜九州
雌雄異株／花期：3–5 月
果熟期：11–12 月

★★ ハート形で柔らかく
みずみずしい

表

葉の長さ
5〜13.5 cm

単葉

単鋸歯

対生

被子植物

落葉広葉高木

この程度の枯葉が
よく香る

樹姿

直線状に
低くとがる

★ 丸い波状
鋸歯

うら

無毛
上面は溝がなく、
断面は円形

　樹高は普通 5 〜 15 m。成長すると 40 m に達し、大木は近畿地方以北に多い。若葉の美しさをいつまでも持ち、その立ち姿の爽やかさ、天を向く枝々の素直さ、葉の明るさ、みずみずしさは、他に類を見ない。落下して少し時間を経た枯葉は、みたらし団子に似た甘い芳香があり、紅葉期、周囲一円に強い香りが漂う。秋めくころ、公園など歩き回り、不覚にも団子を想ったならば、近くにカツラが在る。枝を削ると、渋みのある青臭さがある。

若い葉は切れ込みが深い

集合果は1～2個、普通1個が垂れ下がる

落果

切れ込みが比較的深いタイプ

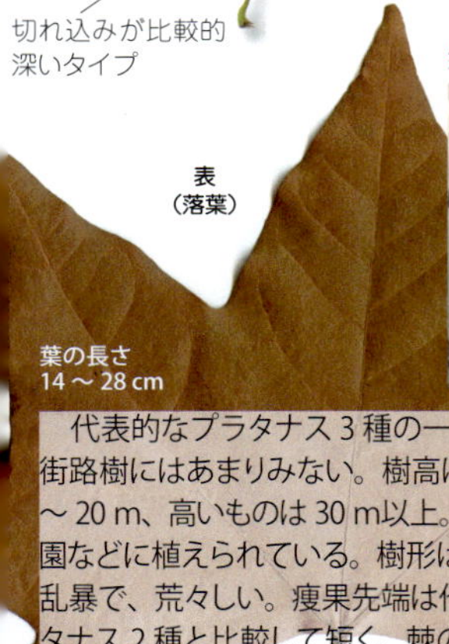

表(落葉)

葉の長さ
14～28 cm

集合果は枝先から1～2個、普通1個がぶら下がる。

アメリカスズカケノキ
（プラタナス）
スズカケノキ科　*Platanus occidentalis*

外国産（北アメリカ）
主な人為拡散域：北海道以南
雌雄同株・異花／花期：4-5月
果熟期：12-2月

単葉 / 単鋸歯浅裂 / 互生

被子植物 / 落葉広葉高木

代表的なプラタナス3種の一つだが、街路樹にはあまりみない。樹高は普通8～20m、高いものは30m以上。都市公園などに植えられている。樹形は比較的乱暴で、荒々しい。痩果先端は他のプラタナス2種と比較して短く、棘の基部に肩がある。梢上で分解し、2月の厳冬期、風がない日にも雪のように三々五々降り落ちて、コートの襟に入る。他のスズカケノキ類と同様、痩果は毛針のようなドクガ類の幼虫を思わせる茶色の直長毛で被われ、多量に襟に入ってもやさしい。

うら(落葉)

★★切れ込みは浅い

脈腋、主脈基部に星状毛が密(生葉)

上面は溝にならない

先端は短く、基部は広がって明瞭な肩がある

痩果

若く成長が著しい幹(左)は大きくはがれる

【似ている樹種：86 モミジバスズカケノキ、87 スズカケノキ】

大木の幹

葉柄基部はキャップ状に冬芽（葉柄内芽）を包む

★ 集合果は1～3個つく 普通は2個だが、ときに4個

★★ 裂片間はU～V字に切れ込む、切れ込みの深さはスズカケノキとアメリカスズカケノキの中間で変異が大きい

鋸歯は長くない

表

広がる大枝、肌の白さ、明るい美麗樹。

モミジバスズカケノキ
（プラタナス）
スズカケノキ科　*Platanus × acerifolia*

単葉／単鋸歯浅裂／互生

栽培品種
主な人為拡散域：北海道中南部以南
雌雄同株・異花／花期：4-5月
果熟期：12-2月

葉の長さ 15～35cm

脈腋、主脈基部に星状毛が密

肩はなく、先は長い棘状で穏やかにとがる

上面に溝はなく、断面は丸い

うら

痩果

被子植物／落葉広葉高木

高さは普通6～15m、大きいものは30m以上。幹は太く、樹形は壮大。他の2種のプラタナス属とともに近代日本における西洋式公園文化の象徴。新宿御苑、日比谷公園などで、都市人の悲喜を見守ってきた。一方、街路樹として多く植えられているが、大枝を強剪定をせざるを得ない。その結果、枝は瘤となって頭を垂れ、電線に牽かれた骸骨行列となる。かつてアメリカシロヒトリの食害に悩まされたが、近年プラタナスグンバイの被害が著しく、外国種の宿命を伝えている。

新宿御苑の樹姿　　街路樹の樹姿　強剪定で枝が瘤になる

【似ている樹種：85 アメリカスズカケノキ、87 スズカケノキ】

★ 集合果の果序は3〜5個ずつ

冬、集合果がいっぱい

下から見上げた葉 切れ込みが深い

★ 鋸歯の先端は長く鋭い
表（落葉）
★★ 切れ込みが深い

葉の長さ 13〜30cm

日比谷公園など、都市の公園に植えられる。

スズカケノキ
（プラタナス）
スズカケノキ科　*Platanus orientalis*

外国産（東南ヨーロッパ、西アジア）
主な人為拡散域：北海道以南
雌雄同株・異花／花期：(3,)4-5月
果熟期：12-2月

単葉
単鋸歯浅裂
互生

うら（落葉）

高さは普通10〜20m程度で、大きいものは30mになるという。主幹は直立し、大枝は横に広がり、樹形は壮大。小石川植物園には、明治9年に植えられた日本で最も古いものの一つとされる木が現存する。類似種との識別は、樹皮では困難。果柄は強靭で、枝先から2〜7個、普通3〜5個がぶら下がり、冬、実がいっぱいの景観となる。痩果先端の棘状突起(花柱の名残)は基部に肩がなく、モミジバスズカケノキやアメリカスズカケノキより太く長く、遠目でも見える。

上面は溝にならない
脈腋、主脈基部に星状毛が密(生葉)
先端は長く太く、基部に肩がない
痩果

夏の樹姿

冬の樹姿

被子植物
落葉広葉高木

【似ている樹種：85 アメリカスズカケノキ、86 モミジバスズカケノキ】

蒴果は2本の突起があり、ほぼ無毛

葉は水平に互生

花柄は無毛　花は1～3個で約2～3cmと短い

晩落の長毛が疎生

表

花は春、普通2～3個が連なり下を向いて咲く。

ヒュウガミズキ
（イヨミズキ）
マンサク科　*Corylopsis pauciflora*

単葉
単鋸歯
互生

本州中部～近畿の日本海側産
主な人為拡散域：北海道中部～九州
雌雄同株・同花／花期：3-4月
果熟期：10-11月

長毛が散生または無毛

葉の長さ 2.5～5.5cm

被子植物

実殻
花芽
★無毛で小さい

ごく低い鋸歯、先は棘状

うら

脈上など全体有毛、特に表はしっとり感

落葉広葉低木

開花期の植込み

★★円形に近いハート形～卵形で、小さい

花は春めくころ、トサミズキに一足遅れて咲き、普通2～3個が連なって下を向く。花序の柄には毛がない。普通は高さ1～1.5m前後の低木として植えられる。街路樹の低木として植えられることが多く、無難な植えつぶし植栽の一つ。大きくても、3mを超える程度。枝は細くてよく分枝し、葉はトサミズキに似るが小さくてやさしい手触りがあり、ミズキのように層状につく。葉を先端から基部へ向かって千切ると、納豆のように維管束の繊維が糸を引く。

【似ている樹種：89 トサミズキ】

葉身の基部支脈が目立つ

★ 有毛

雄しべ（落ち始めている）と雌しべは花弁より長い

花柄は有毛　花は5〜10個
雄しべの葯は赤茶色

無毛、微細な点刻と突起

表

★★ 円形に近いハート形

葉の長さ
5〜16cm

花弁はレモン色の絹地のように透き通ってきれい。

トサミズキ

マンサク科　*Corylopsis spicata*

高知県産
主な人為拡散域：北海道中部〜九州
雌雄同株・同花／花期：3-4月
果熟期：(9,)10-11月

単葉
単鋸歯
互生

　樹高は普通1〜2m、伸び伸び育つと約4〜5mになる。3月のまだ寒い時期、マンサクが散るころに咲く。花や果実は普通5〜10個が一緒に垂れ下がり、柄に毛が密生する。葉柄にも毛が密生する。「トウさんの柄は毛深いね！」。別種のヒュウガミズキは低木で葉が小さく、花が1〜3個。別種コウヤミズキ（ミヤマトサミズキ）*C. gotoana* は4〜8個、ともに総花柄は無毛で葉柄はほぼ無毛。別種キリシマミズキ *C. glabrescens* は雄しべや雌しべが花弁より短く、まれ。

鋸歯は低く、先は棘状

★ 帯白色　脈上の毛は密、全体に短毛、ザワザワした感触

うら

若い蒴果

★★ 基部支脈が目立つ

全周に毛が密

樹姿

被子植物

落葉広葉低木

《似ている樹種：88 ヒュウガミズキ、90 マンサク、311 ガマズミ》

89

実の先端は鋭くとがる

咲き終わった花と去年の**実殻**(先端の棘を割るように裂開)

丸葉のマンサク(先端がとがらない)

花弁は4枚でリボン状に細く縮れる

★ ほぼ無毛

くちばし状にとがる

★★ 菱形楕円形左右不同

表

枝が豊かに広がるため、狭い庭は似合わない。

マンサク

マンサク科 *Hamamelis japonica*

関東南部〜九州産
主な人為拡散域:北海道中部〜九州
雌雄同株・同花/花期:1-3(-5)月
果熟期:(9,)10-11月

葉の長さ 6〜16 cm

★ 脈腋や主脈沿いに、晩落性の星状毛と長毛

色づき始めた葉
波状鋸歯
棒針状ではない

うら

樹姿

一部に星状毛

単葉

単鋸歯

互生

被子植物

落葉広葉中高木

春まず咲くマンサクというが、都市の春待ち花木の咲く早さでは、ロウバイに一歩譲る。品種や変種が多い。庭や公園などで樹高は普通2〜6m、大きなものは10m。果実は短毛が密生して可愛らしく、先がとがる。秋まだらに黄葉し、若木などは枯葉が残る。葉をもむと、微かにキャベツのような匂い。変種マルバマンサク(アカバナマンサク) var. *discolor* f. *obtusata* は花弁が赤い。日本海側に自生するものは葉先の丸みが強く、遺伝的な地域変異とされ、丸葉マンサクと呼ぶことがある。

【似ている樹種:89 トサミズキ、91 シナマンサク】

葉は互生

とがらない

フェルト状の毛

種子は光沢がある

花

星状毛、脈上には密

★★ 広楕円形、ときに著しく左右不同

表

葉の長さ
8～18 cm

花弁が長く、花は大きい。

シナマンサク

マンサク科　*Hamamelis mollis*

外国産（中国）
主な人為拡散域：北海道南部～九州
雌雄同株・同花／花期：1-3月
果熟期：10-11月

単葉

単鋸歯

互生

　花がマンサクより大きく、公園などに植えられている。厳冬～早春の開花時まで、枯葉がまばらまたは多く枝に残る。樹高は普通2～6m、大きいものは8～10m。果実はマンサクのように先端の突起がとがらず、クマのぬいぐるみに似ている。内果皮は硬く、種子を万力のように挟み込んでおり、裂開の角度が大きくなると猛烈な勢いで種子を弾き飛ばす。一年枝は淡灰茶色で光沢はなく、削ると豚糞の匂いがすることがある。

★★ 星状毛が密、フェルト状の手触り

鋸歯は波状、棒針状にならない

枯葉は早春まで残る

全周に毛が密

うら

丸～小ハート形

幹は若干株状、斜上する

【似ている樹種：90 マンサク】

被子植物

落葉広葉中高木

花はマンサクに似るが
ピンク色

小枝や葉柄に
星状毛が密

原種トキワマンサク

華やかな花群

★★ 長期、赤み
を帯びる

表
(着葉枝)

★ 星状毛が密、
サワサワ感

葉の長さ
2〜4.5 cm

公園や住宅地によく植えられる。

ベニバナトキワマンサク

マンサク科　*Loropetalum chinense* var.*rubra*

外国産(中国)
主な人為拡散域：東北南部以南
雌雄同株・同花／花期：3-4(,5) 月ほか
果熟期：(9,)10−11 月

原種トキワマンサク
の葉　水平に互生する

開花期の樹姿

うら
(着葉枝)

花弁はマンサクに似たリボン状で、ピンク色。樹冠いっぱいに華やかに咲く。葉は、特に冬季や新葉の展開時に赤みを帯び、樹冠は少し暗い特異な雰囲気がある。葉のかわいらしさに似合わず BIG になり、樹高は概ね 2〜8 m。日本産の原種トキワマンサク *L. chinense* と同様に、成長とともに次第に枝垂れ性となる。トキワマンサクは産地が限られ、花は薄黄緑白色〜黄白色で葉は赤みを帯びず、新葉も赤くならない。トキワマンサクの葉は星状毛が粗で硬く、ざらつく。

単葉　全縁　互生

被子植物

常緑広葉中低木

虫えい　イスノハマタマフシ

虫えい　イスノナガタマフシ

裂開した蒴果と種子

蒴果には2本のするどい角がある

★★ 虫えい（虫こぶ）
種類は多様

光沢があり、全縁

葉の長さ
4〜9cm

表

成葉、枝などに様々な形の虫えい（虫こぶ）がつく。

イスノキ

マンサク科　*Distylium racemosum*

関東南部以西
主な人為拡散域：東北南部以南
雌雄同株・同花または異花
花期：4-5月／果熟期：10-11月

単葉
全縁
互生

くちばし状

白くない

★ 表には星状毛がある

うら

イスノキエダナガタマフシで作った笛、穴は、虫が開けたものをナイフで広げた。ホーホーと鳴る

樹姿

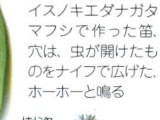

　庭や生垣、公園に植えられ、樹高は普通3〜5m、大木は多くが九州にあり、高いものは25m。幹線道路沿いは虫えいが少ない。写真のヤノイスアブラムシの虫えいは、はじめ黄緑色でのち黒くなり、両面とも丸く突出し、いずれうらに口が開いて有翅虫が旅立つ。このほか、薄い玉袋状の虫えいを作るイスノタマフシアブラムシや硬いイチジク状のものを作るイスノフシアブラムシなど10種ほどあるといわれる。コナラやカシ類を中間宿主とし旅するものやイスノキのみで一生を過ごすものなど1年中にぎやかである。【似ている樹種：71 シキミ、243 モチノキ】

被子植物

常緑広葉中高木

雌花序

翼がある
種子
蒴果

落果 棘状突起はモミジバフウより長い

★ 鋸歯の先は丸い腺点 ときに葉縁に毛

★★ 無光沢、微短毛あり ザラザラした感触

葉は互生

3〜5裂し、先端はとがる

表

葉の長さ 12〜20cm

モミジバフウと似て、樹木全体に漂う香り。

タイワンフウ
（フウ）
マンサク科　*Liquidambar formosana*

単葉
単鋸歯浅裂
互生

外国産（中国、台湾）
主な人為拡散域：東北中部以南
雌雄同株・異花／花期：4-5月
果熟期：(11,)12-1月

少し光沢

うら

小枝に翼がない

細身で短毛あり断面はハート形

★ 主脈上や主脈腋などに毛

紅葉期の樹姿

落葉は遅く、モミジバフウよりもさらに遅く、下枝の葉は特に遅い。樹高は普通6〜12m、大きなものは20mを超える。街路や公園などで、モミジバフウにまぎれて植えられていることもある。新葉は赤紫色を帯びるものが多く、秋の紅葉とともに美しい。葉をもむと、リンゴの皮と油性ボンドを混合したような、文明的な芳香がある。葉を手折っただけでも、葉柄から強く香る。また枝を削ると、葉ほどではないツンとする芳香がある。

被子植物

落葉広葉高木

【似ている樹種：95 モミジバフウ、262 イタヤカエデ、264 トウカエデ】

実殻

★★ 鋸歯の先は丸い腺点で、北斎の白波形

裂片が細い葉

3裂〜7裂、裂片は三角形または鉾形でとがる

蒴果のイガ状突起はタイワンフウよりも短く太い

葉の長さ 25〜35cm

表

葉は裂片が細い鉾形のものと太い三角形のものが混在。

モミジバフウ
（アメリカフウ）
マンサク科　*Liquidambar styraciflua*

外国産(北・中央アメリカ)
主な人為拡散域：東北以南
雌雄同株・異花／花期：4-5月
果熟期：(10),11-12月

単葉

単鋸歯裂

互生

★ 基部2裂片の脈は湾曲

うら

小枝に翼がある

主脈合部と側脈分岐部などに毛が密

ほぼ無毛、断面はハート形
ときに基部に腺点

小枝にコルク質の不規則な翼がある。幹は素直に育ち、樹形はきれいに整う。葉だけをみるとイタヤカエデに似ており、幹と樹形はユリノキに似ている。成長は早く、土壌の乾湿を選ばず、潮風に強く、病虫害に強い。街路や公園などに植えられ、樹高は普通6〜12m、大きいものは25〜30mになる。秋の紅葉は美しく、落葉は比較的遅く翌年まで葉が残る。葉をもむと、グレープフルーツに似てラッカーのような、甘くない刺激的な香りがある。

【似ている樹種：94 タイワンフウ、262 イタヤカエデ】

初夏の樹姿

被子植物

落葉広葉高木

若い雄花　萼や花弁はない

葉柄は主脈とほぼ同じ太さ

熟した核果

昨年の葉は立たず、若い葉は立つ

葉柄上面は広い溝

★ 側脈は (12,)13〜18対　網脈は目立たない

光沢弱い

★ やや波打ち、全体的に不整

葉をもむと、ウリのような鼻を突く青臭さ。

ユズリハ

ユズリハ科 *Daphniphyllum macropodum*

単葉／全縁／互生

東北南部以南産
主な人為拡散域：東北以南
雌雄異株／花期：4-6月
果熟期：10–12月

表

葉の長さ 16〜35 cm

両面無毛

被子植物

常緑広葉中高木

亜種エゾユズリハ
側脈が12対以下

樹姿

うら

★★ 粉白色（特に若い葉）

公園や社寺、旧家などに植えられる。樹高は約4〜10 m、大きいものは15〜20 m。葉は枝先に集まり、成長するにしたがって垂れる。春、前年の葉群の上に数本の枝を伸ばし、新しい葉たちが空へ向けて伸びる。古いものたちは下を向き、いかにも新葉に時代を譲っているようにみえるが、すぐには落ちない。本州の日本海側〜北海道には、低木性の亜種エゾユズリハ subsp. *humile* がある。これは葉がやや小さく側脈は12対以下、枝はよく分岐し樹高3 m前後になる。

【似ている樹種：97 ヒメユズリハ、165 セイヨウシャクナゲ】

雄花序の蕾
ユズリハよりも小型

★ 葉柄は主脈よりかなり太い

核果は約8〜9mmの楕円形、両端がとがり果柄は短くて垂れない

上面にV字の溝

葉は立ち、うらは白くない

★ 網脈が目立ち、側脈は目立たない

表

やや光沢、端正で、波打たない

葉の長さ10〜22cm

ユズリハに似るが葉や枝が硬く、全体的に端正。

ヒメユズリハ

ユズリハ科　*Daphniphyllum teijsmannii*

単葉
全縁
互生

東北南部以南産
主な人為拡散域：東北中部以南
雌雄異株／花期：5-6月
果熟期：11-1月

庭園、公園などで、主木として使われる。適度に小柄で耐陰性があり、アトリウムなど室内緑化にも用いられる。樹高は概ね2〜5m、大きいものは10m程度。ユズリハと似るが、葉や枝の組織がしっかりして硬く、樹形や葉の細かい造形が全体的に端正である。ユズリハのように、だらけた感じがなく、古い葉はユズリハほど譲らず、むしろモチノキやシャリンバイのような堅い雰囲気があって、つまり色気がない。葉をもむと、ユズリハに似て鼻を突くウリのような青臭さがある。

両面無毛

うら　白くない

葉

樹姿

被子植物
常緑広葉中高木

【似ている樹種：96 ユズリハ、165 セイヨウシャクナゲ】

97

若い核果

★並行する基部支脈が目立つ

葉の先端は尾状に長い

黄葉のころ背後はクヌギ

剛毛が散生、上面は平坦

主幹はすらりと立つが、樹形は乱れやすい。

★★剛毛が散生、逆なですると強くざらつく

核果（約10〜12mm）

若い幹

核

表

ムクノキ
（ムクエノキ）
ニレ科　*Aphananthe aspera*

単葉／単鋸歯／互生

関東以西産
主な人為拡散域：東北中部以南
雌雄同株・異花／花期：4-5月
果熟期：9-11月

葉の長さ9〜16cm

被子植物

落葉広葉高木

樹皮　ケヤキよりも細かく、縦にささくれる

尾状

脈上や脈腋に毛

うら

★主脈は基部から三出

初冬の樹冠

街路樹には向かない。樹高は普通8〜20m、巨樹は関西以西に多く40mを超す。秋、鳥が果実をさかんについばみ、木の下で昼寝をしていると次から次へと落としてくれる。これは期待するほど甘味がない。中にはペンギンの頭のような大きな核が一つ、その表面には蜂の巣状の微孔があって、歯触りは砥石風。強く噛むと、とても不愉快。葉は強くざらつき、青葉でも紙やすりの代用として使える（イスノキ笛の写真を参照）が、擦れば擦るほど青臭く、乾燥した葉のほうが気分がよい。【似ている樹種：99 エノキ、100 ケヤキ】

黄葉の初期

上面の溝
以外ほぼ
無毛

熟し始めた核果と葉うら

核果

★★ 細かいシボ、手触りは滑らかではない

表

葉の長さ
7〜12cm

昆虫や鳥に好かれ、都会で魅力的な樹種の一つ。

エノキ

ニレ科　*Celtis sinensis* var. *japonica*

東北中部〜九州産
主な人為拡散域：東北中部〜九州
雌雄同株・同花および異花
花期：4–5月／果熟期：9–11月

単葉

単鋸歯

互生

大枝は横に広がり、主幹は曲がりやすい。庭木としては重視されず、雑木林などに自生するほか、公園などに植えられる。樹高は7〜15m、大木は関東地方〜九州に多数、30mを超す。果実は秋、柿色〜赤褐〜黒褐と、ばらばらに次々熟す。赤褐色のものは甘みがあるが、粉っぽくて虫も多く、うまくない。葉をもむと甘い青臭さがある。別種エゾエノキ（オクエノキ）*C. jessoensis* は北海道から九州に分布し、果柄が約2cm以上と長い。

【似ている樹種：98 ムクノキ】

尾状またはくちばし状

葉は互生する

うら　★ 左右非対称

晩夏の樹姿

被子植物

落葉広葉高木

葉は互生

雄花

雌花

弧を描く三角形の鋸歯 ★★

長くとがる

★ ざらつき、やや乾いた感触

表

葉の長さ
8〜16 cm

樹形は雄大。若い木は逆三角形になる。

ケヤキ

ニレ科　*Zelkova serrata*

東北〜九州産
主な人為拡散域：北海道中南部以南
雌雄同株・同花または異花
花期：4-5月／果熟期：10-11月

単葉
単鋸歯
互生

被子植物

落葉広葉高木

樹皮　円盤状にはがれる

うら

壮齢木の樹姿

基部は左右不同

短く、ほぼ無毛

若い木は下枝の勢いがあり逆三角形になるが、壮年期以降は下半身の勢いがなくなり、菊物花火のような丸い樹形になる。横に広がらない箒状の品種もあるが、あまり普及していない。樹高は普通7〜25 mで、大木は東北地方中部〜九州中北部にあり45〜50 mに育つ。着果枝には小型葉がつき、褐色化が早く発色は弱い。落葉もせず、強い木枯らしが吹くまで枝に留まり、着果枝ごと飛散する。一方、通常の葉は、小型葉より遅く晩秋に黄〜赤褐色に紅葉し、風を待たずに落下する。

【似ている樹種：98 ムクノキ】

若木の樹姿

群植の景色

3列の並木道　仙台市青葉通り

2列の並木道　渋谷区表参道

広がらない箒性の品種

● 着果枝と痩果

夏から秋、小さなムカゴのような2.5 mm程度の実(痩果)を着果枝の先過半の葉腋につける。着果枝につく葉はすべて小型で、長さ約1.5〜5 cm、幅が狭い。

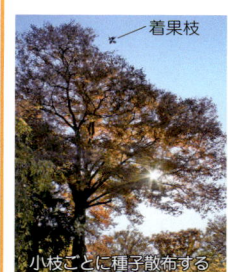

離層の形成

着果枝　　　若い　**痩果**

着果枝

小枝ごとに種子散布する

着果枝の枝は通常の枝より先に枯れる

通常の葉(左)と**着果枝の葉**(右)

被子植物

落葉広葉高木

101

地面に積った翼果

品種コブニレ
小枝に翼ができやすい

弧を描く2、3重鋸歯 ★★

葉は互生、少し光沢がある

英名エルムは、ある年齢層にはホラー映画の印象。

単葉
重鋸歯
互生

ハルニレ
（エルム、ニレ）
ニレ科　*Ulmus davidiana* var. *japonica*

北海道〜九州産
主な人為拡散域：北海道〜九州
雌雄同株・同花／花期：3-5月
果熟期：(4,)5-6月

★ 倒卵形ざらつく
尾状
表
葉の長さ 4〜15 cm

被子植物
落葉広葉高木

北海道大学のエルム並木

大木の樹姿

脈上に晩落性の毛
うら
左右不同
晩落性の毛

　樹高は普通8〜25 m、大木は中部地方以北に多く、巨木は40 mになる。北海道では各地にそびえる孤立木が原風景にあり、北海道大学の古木や巨木、並木は、訪れた人の瞼から消えることはない。5〜6月、大木下では、強風が吹くと口を開けられないほどの翼果が降きつけ、地面に積もる。葉をもむと、甘く鼻をつく弱い匂いがある。小枝に翼が出やすく、これが著しいものを品種コブニレ var. *japonica* f. *suberosa* として区別する。

若い翼果と葉

初冬　黄葉の盛期

★葉の基部はくさび形で左右不同

咲き終わりの花（右）と、雄しべが落ちて子房が膨らんだ花（左）

単～2重鋸歯、先端はとがらない

★葉は小さく、落葉樹にしては厚い

葉の長さ
2～7cm

表

アキニレ

ハルニレほど巨大にならず、葉は艶やか。

ニレ科　*Ulmus parvifolia*

中部以西産
主な人為拡散域：北海道南部以南
雌雄同株・同花／花期：(8,)9月
果熟期：(10,)11-12月

単葉／単～重鋸歯／互生

被子植物／落葉広葉高木

直線状
うら
果実には風をつかむ翼がある
帯白緑色
側脈は細かく規則正しく深く刻む
短毛
樹姿

幼木や若木はひねくれていることが多く、将来の目標をはっきりさせるため苗畑では密植もする。年齢とともに次第に端正、剛直で堂々と枝を張ってくる。健康な幹は橙色を帯びてきれい。公園や街路によく植えられている。樹高は普通6～12m、大木は西日本に多く、樹高はあまり高くならないが、まれに30mになるという。秋、咲いた花柱がすぐ果実になり、種子以外の部分は翼となり、風をつかんでいく。冬、強い木枯らしを待ちわび、葉が落ちても枝に残っていることが多い。【似ている樹種：100 ケヤキ、102 ハルニレ】

103

雌花序　花柱が長い

桑状果は、ばらばらに熟し、長い花柱が残る

雄花序

★★ 葉の光沢は弱い、はじめ逆向きの短毛があり、ざらつく

欠刻の無い葉

尾状にとがる

日本在来種。庭や公園、ときに街路にも現れる。

ヤマグワ
（クワ）
クワ科　*Morus australis*

北海道以南産
主な人為拡散域：北海道中北部〜九州
雌雄異株まれに同株（異花または同花序）
花期：4-5月／果熟期：(5),6-7月

単葉
単〜重鋸歯
互生

被子植物

落葉広葉中高木

欠刻が著しいものや無いものなど多様

表

葉の長さ 9〜25cm

大きな単〜4重鋸歯

★ 脈上と脈腋に晩落性の長毛

うら

葉は互生　光沢は弱い

毛は少し残るか、次第に無毛

樹冠

葉の光沢は弱い。若い葉は短毛があることが多く、指で擦るとコウゾはシュッシュッ、ヤマグワはザッザッとする。樹高は普通1.5〜6m、高いものは10m。各地の林野や抜開地、屋敷林、公園などにマグワよりも多い。切株からの萌芽個体も多い。幹は斜上して枝が広がり、マグワと同様に、次第に腐朽しやすい。果実は熟すと甘く、マグワより球状で短い。花柱の突起が長く残り、このプチプチとした歯触りが好き。

【似ている樹種：105 マグワ、082 カジノキ、106 ヒメコウゾ、107 コウゾ】

両性花序（下半分が雌花）
雄花序
若果
熟果
雌花序
桑状果　ばらばらに熟す
雄花序と雌花序

少し短い尾状
葉はヤマグワより小さく、欠刻は小さい
★★ 光沢が強い
表
葉の長さ 9～22cm

江戸時代の有用植物、四木三草の一つ。

マグワ

クワ科　*Morus alba*

外国産（中国）
主な人為拡散域：北海道～九州
雌雄異株または同株（異花または同花序）
花期：4-5月／果熟期：(5,)6-7月

単葉
単～重鋸歯
互生

葉の光沢は強い。都市には少ないが、里山ではヤマグワと混在して生育している。樹高は普通2～5m、古木では7,8m以上になる。果実は初夏に熟し、ボリュームがあって甘く、花柱痕の突起がほとんど残らず舌触りがよい。初夏、マグワの木の下にいると、自分で食べればよいのに次々と熟した果実を落としてくれる鳥がいる。彼らはマグワとヤマグワを明らかに識別し、マグワを選んで食べている。枝を削ると、草のような青臭さがある。

★ 硬く薄い紙質で、ザワザワした感触 
うら
次第に、ほぼ無毛
大きな単～3,4重鋸歯

鳥が落としてくれた、いっぱいの桑状果

葉は光沢が強い

被子植物

落葉広葉中高木

【似ている樹種：104 ヤマグワ、106 ヒメコウゾ、107 コウゾ、108 カジノキ】

105

枝葉はしなやか

腺点のような
ヒゲ状突起

毛はやや密〜
無毛に近いも
のまで

桑状果

雄花序は丸い

雌花序

雌花序は雄花序より枝先につく

ヒメコウゾ

コウゾやカジノキ同様、和紙の原料。

クワ科　*Broussonetia kazinoki*

東北中部〜九州産
主な人為拡散域：東北中部以南
雌雄同株・異花／花期：4–5(–6)月
果熟期：6–7月

★ 両面に短曲毛
　ざらつく

表

葉の長さ
8〜18cm

★★ 毛は脈沿いに密
　　脈上は少ないか無毛

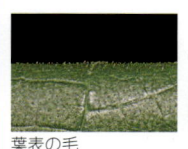

細かい
単鋸歯

葉表の毛

脈間が暗く、
細脈が目立つ

うら

葉うらの毛

単葉
単鋸歯
互生

被子植物

落葉広葉中低木

　コウゾやカジノキとともに、和紙の原料として用いられてきた。樹高は普通1.5〜4m程度で、成長はコウゾと比べると遅く、幹は細く、樹姿もたおやかでコウゾのような野蛮な感じはない。比較的、耐陰性もある。全体的にコウゾよりも毛が少なく感じることが多いが、葉にはコウゾより強いざらついた感触がある。葉柄や枝の毛も、コウゾより少ない。普通は雌雄同株で、雄花序と雌花序が同時にみられるため、庭などに植えられることがある。

【似ている樹種：104 ヤマグワ、105 マグワ、107 コウゾ、108 カジノキ】

桑状果は甘くて粘る

葉うらの毛

ヤマグワより低く大雑把な単〜3重鋸歯

雄花は長い

腺点のような棘状突起がよくある

欠刻の入り方は様々

★ 短毛 やわらかい感触

表

葉の長さ 10〜20 cm

和紙生産のために数種の変異種が栽培される。

コウゾ

クワ科 *Broussonetia kazinoki × B. papyrifera*

栽培品種
主な人為拡散域：東北〜九州
雌雄異株まれに同株・異花
花期：4-5,(6) 月／果熟期：6-7 月

単葉

単〜重鋸歯

互生

★★ 脈上に長短毛が密
習字の下敷きフェルトに
うら 似たさわさわ感

ヒメコウゾとカジノキの交雑種とされ、和紙用の栽培種にはカジノキやヒメコウゾも混在してきた。四木三草の一つ。樹高は普通3m以下で、大きなものは5mを超える。幹は斜上、叢生しやすく、その真実の姿ははっきりしない。比較的毛が多い。普通は雌雄異株で、旧栽培地など残存個体は雄株が多い。葉を取ると、葉柄基部から白濁液がしたたり落ちる。葉をもむと、ときに線香のような甘い香りがし、枝を削ると草のような弱い青臭さがある。

雌花序

長短毛が密

カジノキに似て脈周が少し暗い

樹姿

被子植物

落葉広葉中低木

【似ている樹種：104 ヤマグワ、105 マグワ、106 ヒメコウゾ、108 カジノキ】

雄花序

桑状果

上面などフェルト状の毛が密

雌花序

逆向きの毛強くざらつく

若枝や葉など、全体的に毛深くて豪快。

カジノキ

クワ科　*Broussonetia papyrifera*

外国産（中国など不詳）
主な人為拡散域：北海道南部以南
雌雄異株まれに同株・異花
花期：4-6月／果熟期：8-9月

単葉
単～重鋸歯
互生

被子植物
落葉広葉高木

表
欠刻は変異が大
葉の長さ 10〜25 cm

大柄な三角形の単〜三重鋸歯

うら

★★ 枝は長毛が密

★ 長毛が密、サワサワ感、細脈が目立つ

★★ 透かすと縁毛が目立つ

紙の原料として、コウゾやヒメコウゾとともに、表皮をのぞく甘皮の繊維が使われたという。品質はコウゾに劣るとされる。若枝や葉は毛深い。勢いのよい枝は直径3〜4 cmになっても毛や皮目が目立ち、男らしいか女らしいか豪快な雰囲気を持つ。枝を削ると甘い青い匂いがある。都市では公園などにまれに植えられ、大きいものは樹高10 mを超える。ヤマグワやコウゾに比べると、雄花も雌花もかなり大きい。日向を好み、草むらが似あう樹木である。

樹姿

【似ている樹種：104 ヤマグワ、105 マグワ、106 ヒメコウゾ、107 コウゾ】

花は若い果実の内部に咲く

葉うらの脈上などに長毛 さわざわした感触

そろそろ熟すころ 年に一度、注目される

深裂の葉

★厚い、柔軟で痛みやすい

光沢は弱い

表

葉の長さ 20〜40cm

世界的には、栽培の歴史が極めて古い。

イチジク

クワ科　*Ficus carica*

外国産（主に中国）
主な人為拡散域：東北中北部以南
雌雄異株または雌雄同株・異花
花期：5-9月／果熟期：(6,)7-10月

単葉

単〜重鋸歯

互生

うら

葉が浅裂の系統種

葉が深裂の系統種

★緑色〜淡緑色で白くない

断面は丸い

樹姿（深裂の葉）

被子植物

落葉広葉中低木

　樹高は普通2〜4m、高いものは8m程度になる。日本では主に江戸時代または明治以降に伝わったとされているもの2系統がある。果実の比較的小さな甘酸っぱい品種が庶民に身近なイチジクだが、現在は改良が進み甘くて大実の品種や、果実が黒色や白色に近い品種も流通している。寿命が比較的短く、樹形が乱暴で枝が横に張るため、都市では近年少なく、イチジク浣腸のほうが身近かもしれない。小枝を切ると、真冬でも、水分の多い乳液が恥ずかしいくらいしたたり落ちる。【似ている樹種：110 イヌビワ】

109

★★ 基部は丸いかハート形、脈は三行脈

無毛、上面は細い溝

枝は横へ伸びやすい

若いイチジク状果　イチジクより形が整っている

冬芽と一年枝　イチジクのように冬枝が灰白色や褐色を帯びず、細く、節間は短め

両面とも光沢はにぶい

表

枝や幹はイチジクに似ているが、小枝は淡緑色。

イヌビワ
（イタビ）
クワ科　*Ficus erecta*

関東以西産
主な人為拡散域：東北南部以南
雌雄異株または同株・異花
花期：5-8月／果熟期：8-10月

葉の長さ 10～30cm

★若い葉はうらへ縁取る

品種ホソバイヌビワの**雌花嚢**　アリが入っていく

品種ホソバイヌビワの葉

はじめ赤みを帯びるものが多い

うら

単葉／全縁／互生／被子植物／落葉広葉中低木

樹高は普通2～3m、高くても5m程度。枝は横へ広がる。葉は先端に向けS字に湾曲してとがる独特のみだらな形状で、ユズリハやセイヨウシャクナゲを薄くしたような雰囲気。都市では、古い公園や庭園、屋敷林など、樹林下の薄暗い林縁などにみられる。真冬でも、小枝を切ると水分の多い乳液が流れ出る。枝を削ると少し甘い青臭さがあり、托葉痕や芽付近から水分がにじみ出す。葉幅が約3～4cmの細長い品種ホソバイヌビワ f. *sieboldii* が混生し、枝は柔らかく少し枝垂れる。

【似ている樹種：109 イチジク】

雄花（雄株）

ときに低い鋸歯がある

黄色い雄花と赤い雄花

雌花（雌株）

表

液果は濃赤色に熟す

★★ 両面無毛、やや硬く乾いた触感

弱い光沢 側脈ごとに連続的に波打つ

葉の長さ 6〜15 cm

葉柄は短くて太め、上面は溝がない

果実は甘酸っぱくておいしい。

ヤマモモ

ヤマモモ科　*Myrica rubra*

関東南部以西産
主な人為拡散域：東北中部以南
雌雄異株／花期：3-4月
果熟期：6-7月

単葉

全縁〜単鋸歯

互生

被子植物

うら

葉は互生

★ ダニ室はみられない

黄〜金色に輝く腺点

樹姿

常緑広葉中高木

　暖地産の常緑樹で、公園や庭、街路に多く植栽される。果樹として多くの品種があり、庭木として流通している。高度成長期の後半、都市緑化の必要性が叫ばれる中、クスノキなどとともに多用されてきた。落葉は邪魔で嫌い、冬も緑が欲しい、果実が食べられるなど、都市人のエゴイスティックな選択の結果である。樹高は普通5〜10 m、大木は関東地方南部以西にあり20 mになる。近年、次第に大きく育ち、枝葉が密生して暗く、雌株の落果が歩道を汚すなど、嫌う人が少なくない。【似ている樹種：147 ホルトノキ】

111

葉はスダジイより優しい

★ 鱗毛が密生。銀茶色〜淡金緑色

葉うらは銀茶色

殻斗は普通裂開する

尾状に長い

鋸歯は低いか全縁

表

スダジイとの中間的な個体もある。

ツブラジイ
（コジイ）
ブナ科　*Castanopsis cuspidata*

関東以西産
主な人為拡散域：東北南部以南
雌雄同株・異花／花期：5-6月
果熟期：9-11月

単葉
全縁〜鋸歯ようなもの
互生

★★ 薄く、手触りが柔らかい

葉の長さ
5〜15cm

堅果

うら

老齢木のみ縦にひび割れる

スダジイより丸い

樹姿

比較的細い
断面は半円に近い楕円形

被子植物

常緑広葉高木

関東地方以北ではまれ。東海以西ではスダジイとともに社寺や公園、屋敷林などに植えられる。スダジイと同種とする意見もある。シイの経済的価値が認められなくなった現在、両種を別種とする意味がないともいわれるが、種の地域的な遺伝系統を考える上で重要である。また、樹木医学上も、材質や寿命の違いについて興味深い。樹高は普通5〜15m、大きいものは25〜30mを超える。幹および堅果で判別することが多い。葉柄はスダジイより細く、一年枝も細い。【似ている樹種：113 スダジイ】

葉の表は濃緑色

葉うらは金茶色

鋸歯は低いか全縁

鋸歯のない葉

殻斗はユリの花のように裂開する

★★ 葉うらは鱗毛が密生 金茶褐色〜金緑色

★ やや厚く、緩く波打つ

表

葉の長さ 6〜16 cm

ドングリはそのまま生食でき、煎ると香ばしい。

スダジイ
（イタジイ）
ブナ科　*Castanopsis sieboldii*

東北南部〜九州産
主な人為拡散域：東北中部以南
雌雄同株・異花／花期：5-6月
果熟期：(9-)11月

単葉／全縁〜単鋸歯／互生／被子植物／常緑広葉高木

尾状に長い

堅果

先端は丸く突出　尻は大きく、凹まない

うら

代表的な椎の木。社寺林や屋敷林に多い。葉が茂ると暗く、近年は公園や庭園などに植えられることが少なくなっている。樹高は普通5〜20m、大木は関東以西の本州に多く、40m近くになる。ドングリはアク抜きせず生食でき、煎ると大変香ばしい。日が経つと前歯が気になる程度に硬くなるが、マテバシイより甘い。ツブラジイ(コジイ)は西日本に多く、幹が太くても平滑で、堅果が球状〜短い砲弾形、かつ小さい。若木は葉で判断するしかなく、識別は難しい。

【似ている樹種：112 ツブラジイ】

断面は半円に近い皿形

樹冠は暗い

113

葉は互生する

★葉うらは淡茶色を帯びた緑白色

雄花

雌花

堅果は長く、表面は粉を吹く

尻は凹む

幅広い鱗片が重なり、ほぼ無毛

雄花（左）と雌花（右）

★★端正で厚く硬い両面無毛

基部はくさび形葉柄に沿う

表

溝はなく、主脈の延長が凹む

葉の長さ
12〜28 cm

大気汚染に強く、成長が早く潮風害に強い。

マテバシイ

ブナ科　*Lithocarpus edulis*

関東以西（主に太平洋沿岸）産
主な人為拡散域：東北中部以南
雌雄同株・異花 ／ 花期：5–6月
果熟期：9–10月

単葉
全縁
互生

被子植物

常緑広葉高木

頂芽は複数　タブノキのようには大きくない

くちばし状、先端はとがらない

樹姿

うら

樹高は普通 5〜10 m で、高いものは 20 m に。痩地は好まない。平地や沿岸部を中心に公園や街路、工場、店舗などに植えられ、高度成長期の都市緑化を牽引してきた。大枝は横に強く張り、厚く大きな葉が茂って暗い。大きくて端正などングリや葉が、都市の子どもたちに親しまれてきた。果実はアク抜きぬきで生食でき、煎ると香ばしい。味はスダジイに劣り、日が経つと前歯が欠けるほど硬い。これだけの立派な実が、落果してすぐになくなってしまう。ネズミ類の貯食である。

【似ている樹種：80 タブノキ、115 シリブカガシ、116 アカガシ】

葉うらは淡い金銀白色
肉眼で見えない微毛

葉のうらは淡く輝く

基部は長く細く葉柄に沿う

葉は互生

樹冠

葉柄は細く、上面は平坦

普通は鋸歯がない

表

葉の長さ
8〜16 cm

ドングリは、春まで美しい黒い光沢を保つ。

シリブカガシ

ブナ科　*Lithocarpus glaber*

近畿以西産
主な人為拡散域：関東南部以西
雌雄同株・異花／花期：9–10月
果熟期：10–1月

単葉 / 全縁 / 互生

堅果

尾状に長い

うら

尻が凹む

★ 薄く、さらつき乾燥した感触

落果　殻斗は三角形の鱗片に被われる

　樹高は普通6〜10mで、暖地では15mを超えるものもあるが、あまり高くならない。ドングリ（堅果）は、基部がマテバシイのように尻深に凹み、黒褐色ですさまじい光沢があり、我を忘れるほど美しい。樹上では全体にワックス質の粉を吹くが、落下したのちワックス質はとれる。コナラやマテバシイなど多くのドングリは、落果後に水分を確保できなければ、すぐに茶白化して光沢を失うが、シリブカガシのドングリは春まで黒い光沢を保つ。生食できるが、煎ったほうがおいしい。

【似ている樹種：114 マテバシイ、117 アラカシ】

被子植物

常緑広葉樹高木

115

冬芽は明瞭な五角形で、芽鱗の縁は褐色

環状くびれは2本

堅果

尻は小さくて、突出

毛が密、三角の突起が横に連なり、環状溝

★★ 葉うらは蝋細工のような鮮やかな緑色

葉柄は長く、鋸歯はない

尾状

★ 硬く、鋸歯がない（まれに鋸歯）

表

葉の長さ 9〜17cm

葉の側脈は縁に届かず、マテバシイに似ている。

アカガシ

ブナ科　*Quercus acuta*

東北南部〜九州産
主な人為拡散域：東北中部〜九州
雌雄同株・異花／花期：(5,)6-7月
果熟期：10-11(,12)月

成葉は両面無毛、若葉は有毛

うら

若い幹

よく枝分かれし大きな樹冠を作る

比較的長い

樹高は普通8〜20m、大木は関東地方以西、特に西日本に多く、高いものは30mを超す。同様な葉の質感には別種ツクバネガシ *Q. sessilifolia* があり、葉が細くて先端近くに鋸歯があり、葉柄は比較的短い。まれに公園などに植えられるオオツクバネガシ *Q.* × *takaoyamensis* はアラカシとツクバネガシの中間的形質で、葉の先端近くに鋸歯があり幅はアラカシのように太い。これらの葉うらはアラカシのように帯白緑色にならず、アカガシに似た蝋細工のような質感である。

【似ている樹種：114 マテバシイ、117 アラカシ】

単葉／全縁／互生

被子植物

常緑広葉高木

堅果は丸く、重みがあってうれしい

堅果
横溝がない
凹まない
環状の横溝

葉は広く、暗い樹冠をつくる

★ 葉うらはやや白いが、真っ白ではない

★★ 幅が広い、半分より先に鋸歯

表

葉の長さ 9〜20 cm

潮風や強風に強く、都市環境にもよく適応する。

アラカシ

ブナ科　*Quercus glauca*

東北南部〜九州産
主な人為拡散域：東北中部以南
雌雄同株・異花／花期：4-5月
果熟期：11-12月

| 単葉 |
| 単鋸歯 |
| 互生 |

シラカシと同様に、屋敷林や垣根、公園樹として植えられている。関東地方ではシラカシより少ない。樹下はシラカシより暗い。樹高は普通8〜20 m、西日本の高いものは30 mを超す。自生では乾燥しがちな伐開地などでよく成長し、潮風や強風にも強く、都市環境にもよく適応する。春の芽出しが早く、秋の落果はシラカシより遅い。果実は重くて艶々しく、手にすると満足感で癒される。初冬の寒空に、新鮮なドングリを夢中で拾っていると、誰も近づいてこない。【似ている樹種：116 アカガシ、118 シラカシ】

尾状

頂芽は複数で、特に大きくはない

うら

断面は皿形

樹姿

被子植物

常緑広葉高木

雌花は目立たない

葉は互生

若い雄花序　次第に伸びて長く垂れ下がる

葉の変異

尾状

★★ 細身、鋸歯は基部近くまであるものが多く、ノギ状に伸びない

表

乾燥に弱く、塩水に弱い。

シラカシ

ブナ科　*Quercus myrsinaefolia*

東北南部〜九州産
主な人為拡散域：東北以南
雌雄同株・異花／花期：4-5月
果熟期：10-11月

単葉
単鋸歯
互生

被子植物

常緑広葉高木

葉の長さ
8〜18cm

うら

堅果　頂部には1本の横溝がある

★ 白くない、帯白緑色〜淡緑色

断面は半円〜皿形

大木の樹冠

東北地方以南の都市で、高度成長期以降、急速に広まった常緑樹の一つ。関東近辺の代表的な樫。乾燥地には向かず、街路など土が悪いと衰退しやすい。樹高は普通5〜20m、大木は関東以西に多く、35mを超す。おもに屋敷林や生垣などの主役で、その材も果実も、日常生活に身近である。勢いのある若木の葉は端正で鋸歯が強いが、老木あるいは樹勢の弱ったもの、強い刈り込みにより下部から萌芽状態になったものの葉は大きく、鋸歯が目立たない。

【似ている樹種：117 アラカシ】

118

雌花　目立たないから、かわいい

雄花は多数が垂れ下がる

鋸歯は低いが鋭い

葉は互生し、密に茂る

★★ 厚く乾いた感触、湾曲する

表

葉の長さ
2～11cm

乾燥や潮風に強く、厳しい環境に植えられる。

ウバメガシ
ブナ科　*Quercus phyllyraeoides*

関東南部以西産
主な人為拡散域：関東以西
雌雄同株・異花／花期：4-5月
果熟期：10-11月

単葉

単鋸歯

互生

堅果

先は落ちやすく周囲は有毛

若い葉には、星状毛がある

★尻が小さい

三角形の鱗片に毛が密

うら

主脈基部と葉柄に星状毛が密

刈込みの樹姿

被子植物

常緑広葉中高木

　樹高は普通1.5～5m、大木は和歌山県以南に多く、樹高20mを超える。乾燥や潮風に強く、自然界以上に厳しい環境と思われるような車道沿いなどの街路、公園、庭などによく植えられる。葉は、土質が悪いと非常に小さく、長さ1cm程度になることもある。葉にはカラカラカラとした乾いた感触があり、含水率が低い。斉藤庸平博士の実験によると、5月にいったん70%を超え、夏に40%台まで落ちることが確認されている。シラカシなどカシ類に同様の傾向があると思われる。

雄花序

★★鋸歯の先端にまで葉緑素がある

雌花　クリっぽい

堅果

雄花序　濃厚ににおい、昆虫が集まる

葉は、鋸歯の先端まで葉緑素があり緑色。

単葉
単鋸歯
互生

クリ
ブナ科　*Castanea crenata*

北海道南部〜九州産
主な人為拡散域：北海道中南部以南
雌雄同株・異花／花期：(5,)6−7月
果熟期：9−10月

表

葉の長さ
8〜16 cm

脈上に長毛が散生

うら

堅果

脈間に粉状の突起

被子植物

落葉広葉高木

樹姿

毛が散生

本来は、素直で端正な樹形だが、日照の影響を受けて斜上することも多い。樹高は普通3〜10 m、大木は多くないが、高いものは20 m以上。初夏、甘いような臭いような、誰もが嗅ぎたくなるような嗅ぎたくないような香りの雄花をたくさん垂らす。この匂いは、スダジイなど他のブナ科とも似ている。花の色は黄緑色で、その量の割に目立ちにくい。葉はクヌギと異なり、鋸歯の先端まで葉緑素があって緑色になる。これは、若々しいイガの針先を連想して覚えればよいと思う。【似ている樹種：121 クヌギ】

雄花序

★★鋸歯の先は葉緑素がないヒゲ

堅果は丸くて大きい

特に上面は毛が密

葉はクリと似ている

葉の長さ 12〜28cm

表

里山を代表する樹木の一つ。
クヌギ
ブナ科　*Quercus acutissima*

自然分布不詳：外国産(朝鮮半島)または東北中部以南産／主な人為拡散域：北海道南部以南／雌雄同株・異花／花期：4-5月／果熟期：10-11月

単葉
単鋸歯
互生

被子植物

落葉広葉高木

うら

若い葉は脈上の伏毛が密

春まで枯葉をつけることもある

脈間は淡い緑色

黄葉初期の樹姿

日本にあるものは、すべて人為植栽とする説がある。肥沃で湿り気のある土壌を好み、都会の街路空間など乾燥地では大木は少ない。普通は高さ8〜15m。大木は九州北部地方以北の丘陵部に多く、樹高30〜35m。穿孔性昆虫類の働きにより発酵した樹液が出るといわれ、人工的に樹皮を傷つけても発酵しない。いずれも、樹体にはダメージが大きく、憧れの秘密のクヌギは突然に枯れることが多い。冬、特に若木などは枯葉を長く枝に留めるため、冬景色の中で目立つ。【似ている樹種：120 クリ】

★★ 鋸歯の先は鋭くない

葉柄がないように見える

雄花序と若葉　毛が少なく、若葉はコナラのようには輝かない

平坦になってから突出

落果　果柄ごと落ちる

堅果
殻斗

尻は大きめで、わずか凹むか突出

里山の主要な構成種で、ブナより都市に身近。

単葉
単鋸歯
互生

ミズナラ
（オオナラ）
ブナ科　*Quercus crispula*

北海道〜九州産
主な人為拡散域：北海道〜九州
雌雄同株・異花／花期：4-5月
果熟期：(9,)10-11月

被子植物

落葉広葉高木

表

葉の長さ
7.5〜16cm

星状毛が微かに残るか無毛

うら

枯葉が残りやすい

基部は多少耳になる

樹姿

★ 葉柄は短い

　温帯ではコナラとともに里山の主要な構成種で、ブナよりも都市に身近な有用樹木である。東京など暖地の都市でも植栽された大木が散在し、結実するが、関東地方以西の平地では少ない。樹高は公園などで普通7〜15m、大木は中部地方以北に多く、35〜40mに達する。勢いのよい徒長枝の樹皮はサクラのような光沢があり、やがてコナラとクヌギの中間のような粗肌になる。葉には、コナラの青臭さよりも、カシワに近い芳香がある。【似ている樹種：123 コナラ、125 カシワ】

雌花

雌花は小さく目立たない

殻斗は質厚、鱗片で被われ、老眼では見えない細毛がある

突出する
殻斗　堅果
尻は小さく、凹まない

★★鋸歯の先は鋭くとがる

中程から先にかけて幅広い

表

葉の長さ
7.5～17 cm

都市に身近な落葉樹で、ミズナラに似ている。

コナラ
（ハハソ）
ブナ科　*Quercus serrata*

北海道南部～九州産
主な人為拡散域：北海道中部～九州
雌雄同株・異花／花期：4-5月
果熟期：9-11月

単葉
単鋸歯
互生

被子植物

落葉広葉高木

うら

帯白緑色で、脈上や脈腋に長毛

若い雄花序　新葉は赤白く輝き、花のよう

　都市で身近な落葉樹の一つで、都市近郊の樹林にも多く、公園などにもよく植えられている。本来の樹形は素直だが、かつて薪炭材として萌芽更新されていたころの名残で、数本の幹が株立ちになっていることが多い。樹高は普通8～15 m、大木は30 mを超すが、それほど巨木にはならない。コナラやミズナラ、アカガシなど大多数のドングリは、落下後に短時間で変色したり割れるものが多いが、虫が入っているものの多くは変色せず、表面的な若さを保ったまま食いつくされる。

★葉柄は明瞭

樹姿

【似ている樹種：122 ミズナラ】

★★ 丸い波状鋸歯、側脈は入らない

葉は互生

上面に長毛、溝はなく短い

最高に気持ちの悪い**虫えい**

黄葉初期の枝葉

側脈は規則的で、洗濯板状の凸凹

都市では公園などに植えられるが少ない。

ブナ
（シロブナ）
ブナ科　*Fagus crenata*

北海道西南部〜九州産
主な人為拡散域：北海道〜九州
雌雄同株・異花／花期：5-6月
果熟期：9-10月

表

葉の長さ
4.5〜12cm

単葉
単鋸歯
互生

被子植物

落葉広葉高木

やや光沢

うら

枯葉が残りやすい

★ **両面に長毛**、脈上や葉身基部などはわずかに残る

端正な樹姿

冷涼な気候を好み、都心でもまれに見るが、珍しい。都市でも成長して大きくなるが、東北地方などのブナ林にみられる美しい白い幹肌はない。生息域としても、ミズナラなどと違って都市とは一線を画す。樹高は公園などで普通6〜20m、巨木は沖縄をのぞき東北など全国にあり、30〜35mを超す。全身の葉に虫えい（虫こぶ）が発生し、思い出しても怖気が立つほどになることがある。枝を削ると、ヒノキ材のような甘いハーブのような、形容しがたい高原の芳香がある。【似ている樹種：133 イヌシデ】

堅果

殻斗はクヌギ似で大きく、裂片はより長い

★ 葉柄はごく短く、全周に長毛が密

顆粒状の**腺点**、短毛が束生しざらつく

表

葉柄はほとんどない

葉の長さ13〜30cm

冷涼地の耕地防風林や庭木、公園樹に多い。

カシワ
（オオガシワ）
ブナ科　*Quercus dentata*

北海道〜九州産
主な人為拡散域：北海道〜九州
雌雄同株・異花／花期：(4,)5-6月
果熟期：10〜11月

単葉
単鋸歯
互生

★★ 大きく丸い波状鋸歯

うら

葉は大きい

　樹高は普通6〜15m、大木は北海道〜東北地方に多く、25mを超える。東北でも庭木などに多い。しかし、関東南部以西の平野部では成長がよいといえず、都市の酷暑には向かない。葉柄がごく短くて土埃が堆積しやすく、柏餅に使う葉は基部より下を切ってある。冬、クヌギなどと同様かそれ以上に、枯葉が長く枝に残りよろこばれることがあるが、これは野火に対する弱点である。ドングリ（堅果）は大きく、クヌギとマテバシイとクリの中間といった雰囲気がある。
【似ている樹種：122 ミズナラ】

長毛と短毛、ザワザワ感

樹姿

被子植物

落葉広葉高木

若い果穂

不規則で三角形の鋸歯

雄花序

表

黄緑色で、ほぼ無毛

東京など暖地では虫害を受けやすく腐朽しやすい。

シラカバ
（シラカンバ）
カバノキ科 *Betula platyphylla* var. *japonica*

北海道〜中部産（局所的）
主な人為拡散域：北海道〜九州
雌雄同株・異花／花期：(3,)4-5月
果熟期：10-11月

単葉／重鋸歯／互生
被子植物／落葉広葉高木

尾状に長くとがる
★ 側脈は7、8対以下
★★ やや革質、三角状スペード形〜広卵形
表
葉の長さ 7〜13 cm

帯黄白緑色
うら

北大構内のシラカバ

幹は削り節のように横方向へ剥離する

　短命で、80〜100年が限界といわれる。樹高は普通5〜15m、高いものは温帯にあって25mを超える。暖帯の都市では成長が悪く、白く優しい樹皮は黒ずむか灰褐色になって美しくならない。近年、外国産や園芸種の流通が増えており、幹が細くても白く、暖地にも適するとされるが、照り返しや虫害に弱く都市への適性は低い。シラカバは、高原や冷涼地にあってこそ美しい樹木の代表である。暖地に高原の風情を求めて植栽するのは不憫であるし、

その人の利己主義を植え育てているように思える。

　別種ダケカンバ *B. ermanii* は、さらに気温の低い山地などに自生し、幹が白くならず葉の側脈は8対以上、高地の都市で公園などに植えられることがある。

葉は互生

外国産品種の幹
比較的若い枝でも白い

下から見上げた葉群

● 別種ダケカンバ

幹は白くならない

★ 側脈は8対以上

被子植物

落葉広葉高木

雄花序の蕾

若い**果穂** 果鱗先端はとがらない

★★ 側脈基部は広がり、側脈に毛

上面に溝、毛が散生

湿地に強く、土壌の乾燥に弱い。

ハンノキ

カバノキ科　*Alnus japonica*

北海道以南産
主な人為拡散域：北海道以南
雌雄同株・異花／花期：(12–)3(,4) 月
果熟期：10 月

★ やや厚く硬い、表は光沢

鋸歯は低くて背が長く、細かい

表

葉の長さ
6 〜 17 cm

冬の樹姿

夏の樹姿

うら

公園などの水辺に、よく植えられている。冬、果穂が垂れて残り、夏は葉にハンノキハムシの食痕が目立つ。樹高は普通 3 〜 8 m、大きいものは東北地方などにあり 20 m になる。枝を削ると、堆肥のような甘酸っぱい芳香がある。球果は雄花の下につき、長さ約 1.5 〜 2 cm の楕円形。はじめ緑色でのち下垂し、裂開する。葉はやや厚くて硬く、表面は光沢がある。鋸歯は低くて背が長く、先端の腺点のみの場合もあり、遠目には細かく鋭いように見える。

【似ている樹種：130 ケヤマハンノキ、130 ヤマハンノキ】

単葉
単鋸歯
互生

被子植物

落葉広葉高木

昨年の果穂

雄花序

裂開した昨年の果穂と今年の雄花序 　　雌花は雄花の根元にひっそりと咲く

ハンノキハムシ成虫　葉に穴をあけて食う 　　ハンノキハムシ幼虫　穴をあけずに食う
（葉はケヤマハンノキ）

● ハンノキと似た果穂が目立つ樹木

別種ヤシャブシ *A. firma* は主に温帯の公園や抜開地などに植えられるが、暖帯の都市では少ない。別種オオバヤシャブシ *A. sieboldiana* は東北地方南部以南の暖地や島嶼などで山林緑化や災害後の早期緑化などに使われ、公園にも植えられる。

側脈は(10−)12〜19対
光沢が弱い

側脈は10〜15対
光沢がある

別種ヤシャブシ

別種オオバヤシャブシ

別種オオバヤシャブシの葉

別種オオバヤシャブシの球果
果鱗先端がとがる

被子植物

落葉広葉高木

古い果穂

別変種ヤマハンノキの果穂

別変種ヤマハンノキの葉

葉うら

★★ 葉は丸く、欠刻状の重鋸歯

表

伐採地の緑化などに植えられる。

ケヤマハンノキ

カバノキ科 *Alnus hirsuta* var. *hirsuta*

北海道〜九州産
主な人為拡散域：北海道〜九州
雌雄同株・異花／花期：4-5月
果熟期：10月

単葉 / 重鋸歯 / 互生 / 被子植物 / 落葉広葉高木

葉の長さ 7〜17cm

ヤマハンノキ 雄花序と雌花序
雄花序 / 雌花序

全体に短毛、脈上は特に密（別変種ヤマハンノキは長毛が脈上や脈腋に）

うら

ヤマハンノキ樹姿

★ 帯白色（別変種ヤマハンノキは粉白色）

全周に毛が密

高さは15〜20mになるが、林野などで2〜10mのものがよくみられる。林野では、伐採地の緑化などに植えられる。都会の庭園や公園などでは少ないが、人工の雑木風植え込みにたくさん植えられることがある。葉をもむと、ソラマメの皮のようなおっとりとした弱い青臭さがある。別変種ヤマハンノキ（マルバハンノキ）var. *sibirica* は、葉うらが目立つ粉白色で脈間はほぼ無毛。植栽地では混用され、中間的な形質をもつ個体が多いといわれる。【似ている樹種：128 ハンノキ】

若い果穂

堅果

幅広の果苞

両側縁に鋸歯
（片側は少ない）

上面などに長毛

葉は多数の側脈が目立つ

2重〜単鋸歯

主脈上に多少の毛

表

葉の長さ
7〜15 cm

うら

側脈が多く、15対（普通20対）以上 ★★

若い葉は有毛、次第に無毛

葉は小さな洗濯板のよう。
クマシデ

カバノキ科　*Carpinus japonica*

東北中部〜九州産
主な人為拡散域：北海道南部〜九州
雌雄同株・異花／花期：4-5月
果熟期：(8,)9-10(,11)月

単葉
重〜単鋸歯
互生

雄花は有柄で粗い毛が密、苞の縁毛は短い

雄花序　雌花序
雄花序と雌花序

樹姿

普段あまり目立たないが、公園などに、比較的よく植えられている。葉の側脈の多さが目につき、小さな洗濯板のようにも見える。クマといっても、毛は少ない。樹高は普通3〜7mであまり大木にならず、大きいものでも高さ15mを超える程度。樹形はイヌシデよりも端正で、枝を広げて大きな樹冠をつくる。果実はホップの毬花のように幾重にもなってぶら下がり、よく見れば目立つ形状なのに、葉と似た色合いで気づきにくい。

【似ている樹種】：132 アカシデ、133 イヌシデ

被子植物

落葉広葉高木

雄花 無柄で、苞は全体が赤く、縁に少し毛がある

雄花

果穂 2個が対となる

果穂

堅果

両側縁に鋸歯（片側は少ない）

果苞

果穂は多数が重なって垂れる

★ 欠刻状の複雑な重鋸歯

★★ 側脈は約7〜14対

イヌシデやクマシデと比べると女性らしい。

アカシデ
（シデ、ソロ）
カバノキ科　*Carpinus laxiflora*

単葉／重鋸歯／互生

北海道〜九州産
主な人為拡散域：北海道〜九州
雌雄同株・異花／花期：3-4(,5)月
果熟期：10-11月

表

主脈上に多少の毛

葉の長さ 4〜13cm

被子植物／落葉広葉高木

老木の幹

★ 葉身は細く小さめで緩やかに湾曲

うら

若い葉は脈上と脈腋に長毛、次第に無毛

樹冠も幹も明るい

新芽や冬芽の芽鱗、一年枝などが赤みを帯びる。紅葉は赤褐色〜黄褐色で、野趣をもとめて庭園や公園などに植えられる。樹高は普通7〜15m、大木は東北地方南部や中部・近畿から日本海側に多く、高いものは25m以上。アカシデの葉は小さくて毛が少なく、枝は比較的細くてしなやかに風にそよぎ、イヌシデやクマシデと比べると女性らしい清々しさがある。しかし老いると一変し、その樹肌は半ば白骨化した筋骨がのたうつような妖媼の気色をともなう。

【似ている樹種：131 クマシデ、133 イヌシデ】

堅果は2個が1組になる

不揃いな3重〜単鋸歯

堅果
果苞

片側縁のみに鋸歯

毛の多さは、一目では分かりにくい

★側脈は約8〜15対(ときに20対)

★★両面に白い長毛が寝る

表

葉の長さ4〜11 cm

関東以南の雑木林ではアカシデよりも身近。

イヌシデ
（シロシデ、ソロ）
カバノキ科　*Carpinus tschonoskii*

東北中部〜九州産
主な人為拡散域：北海道南部〜九州
雌雄同株・異花／花期：3-4,(5)月
果熟期：9-11月

単葉
重・単鋸歯
互生

直線状〜くちばし状

うら

雄花は有柄で柄には毛が密生し、苞の縁には長毛が密生

雄花序

樹姿

基部はくさび形

寝た毛が密生

被子植物

落葉広葉高木

樹形は端正だが斜上しやすく、樹肌は健康に成熟したものほど白く、縦縞がはっきりと滑らかで、筋肉のようにうねる。樹高は普通8〜15 m、大木は東北南部以南に多く、高いものは30 mを超す。ソロと呼ばれ、屋敷林や里山に多い。幹の縞模様と野趣を期待して、都心のホテルやオフィスビルの庭、公園などに植えられる。老眼では見にくいが、アカシデやクマシデよりも、葉などに毛が多い。幹の白さから白犬を連想し、「シロいイヌは毛が多い」と覚える。

【似ている樹種：131 クマシデ、132 アカシデ】

蒴果は大きく無毛 若いうちは光沢がある

細かい単鋸歯で鋸歯の先は暗色の腺点

透明な油点が散在

新葉は無毛で輝かしい光沢がある　赤みを帯びることが多い

★★ 細めで無毛

花は濃紅色で径5〜6cm以上　花弁は5枚の一重

尾状に短くとがる

表

葉の長さ 8〜15cm

幹は明るく、平滑なもち肌。

ヤブツバキ
（ヤマツバキ）

ツバキ科　*Camellia japonica*

東北（沿岸域）以南産
主な人為拡散域：北海道南部以南
雌雄同株・同花／花期：12-3月
果熟期：9-10月

単葉／単鋸歯／互生／被子植物／常緑広葉中高木

葉うらのチャドクガ幼虫

樹姿

うら

★ 両面無毛　光沢が強い

公園や庭、学校など、いろいろなところに多く植えられる。成長が遅く、日陰に強い。樹高は普通2〜6m、大木は15mに達する。モチノキと同じように、椿の精は女子あるいは若い男子となって現われるといわれている。幹は明るく、平滑なもち肌で、老いてもしわが増えたり裂けることはない。特に都市域では、サザンカなどとともにチャドクガ幼虫の食害が目立つが、人為的な過密植栽と、寄生バチの減少など異常な都市生態系に原因がある。チャドクガは悪くない。

【似ている樹種：135 ユキツバキ、ほかツバキ類】

葉は互生

鋸歯の先は鋭い、暗色の腺点

★★ 短めで有毛

透き通るような暗色の油点が散在

花弁は5枚で普通先端が少し凹み各々不同、花糸は黄色で散開する

光沢強く両面無毛 葉は薄く、網脈が透ける

微細な単鋸歯

葉の長さ 6〜12cm

表

ヤブツバキの亜種で、本州中北部の日本海側に自生。

ユキツバキ

ツバキ科 *Camellia japonica* subsp. *rusticana*

東北〜中部（日本海側）産
主な人為拡散域：北海道南部以南
雌雄同株・同花／花期：3-5(,6)月
果熟期：9-11月

単葉
単鋸歯
互生

樹高は普通約2m以下で、積雪がなければ主幹は曲がらずに伸びる。ヤブツバキと異なり葉柄に毛があり、特に上面両側に、生えはじめた恥毛のような毛が揃って寝る。太平洋側では少なく、日本海側では公園や庭、屋敷林などにも植えられている。普通は赤花の一重で、このほか白花など多数の品種があり、全国で人気のあるオトメツバキはこの品種とされている。枝は弾力性がある。葉柄も弾力性に富み、枝と強く合着して片手の指だけで手折るには骨が折れる。

尾状に長い

葉柄に毛がある

うら

樹姿

被子植物
常緑広葉低木

【似ている樹種：134 ヤブツバキ、ほかツバキ類】

葉 ヤブツバキより明るい緑色

上面は平坦／有毛、細身で柔らかい ★★

透明な**油点**が散在

細かく鋭い単鋸歯

雄しべはなく、花芯は退化または痕跡的
花弁の先は丸く、外側の多くは先が凹む

尾状にとがる

表

葉の長さ
7〜12cm

単葉／単鋸歯／互生

被子植物／常緑広葉中低木

太平洋側の都市でも多いユキツバキの品種。

オトメツバキ

ツバキ科 *Camellia japonica* subsp. *rusticana* 'Otometsubaki'

栽培品種
主な人為拡散域：東北以南
結実しない／花期：2-4(,5)月
果熟期：×

葉柄の毛

★ 厚い、光沢強く両面無毛

うら

樹姿

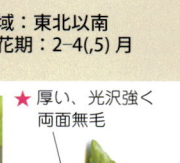

乙女椿。樹高は普通1.5〜4m、高いものは6m前後。ときに真冬から咲く春咲きの千重花で、雄しべがなく雌しべもないものが多い。花弁は乙女の頬のように優麗な桃肌色で、普通結実しない。俗に、オトメは実がならない、花が終わると汚い、など陳腐な発想がある。葉柄に毛がない葉も少なくないが、何枚か探していくと有毛の葉柄を持つ葉に出会う。ヤブツバキの品種に、冬咲きの'カントンフェン'（広東粉）*C. japonica* 'Kwangtonfen' など似ているものがある。

【似ている樹種：134 ヤブツバキ、ほかツバキ類】

若い蒴果 毛が密生

一重の白花が多い

八重咲き品種 'フジノミネ'

基部はくさび形

★★ 主脈基部や葉柄上面は毛深い

★ 縦方向に反る

強い光沢は、次第に弱くなる

表

葉の長さ 4～9 cm

品種が多く、一重や半八重咲きのほか八重も。

サザンカ

ツバキ科　*Camellia sasanqua*

中国地方以西産
主な人為拡散域：東北中部以南
雌雄同株・同花／花期：10-12,(1) 月
果熟期：10-11 月

単葉
単鋸歯
互生
被子植物
常緑広葉中木

うら

自生をもとにした代表的なサザンカは、秋から初冬にかけて咲く一重(花弁5枚)の白花。これから派生した白に紅色系などのぼかしが入るものや桃紅花、八重に近いもの、秋から冬まで咲いている花期の長い品種など多数ある。このほか、主に冬から早春まで咲くハルサザンカ群 C. x *vernalis* などがある。全般に雄しべ群が明瞭で、一重か半八重咲きが多いが、八重もある。樹高は普通2～6 m、成長すると10 mを超す。葉をもむと、チョウジのような微かな芳香がある。【似ている樹種：139 カンツバキ】

葉柄上面と枝は、常に毛が密生

下面の毛は少ない

樹姿　背は高くなる

葉は互生

カンツバキと同様に雄しべが花弁化するものが混じる

赤花の八重が多い

★★ 主脈基部や葉柄の毛は密ではなく1年以上残る

強い光沢

★ 反る感じはサザンカに近い

表

葉の長さ 6〜8.5 cm

生垣に多く使われ、寒椿として親しまれる。

タチカンツバキ

ツバキ科 *Camellia sasanqua* 'Kanjirou' など

栽培品種
主な人為拡散域：東北中部以南
雌雄同株・同花／花期：11-2月
果熟期：(8,)9-10

若枝の毛は長く残る

樹姿

うら

基部は丸いものが多い

下面は、ほぼ無毛

枝は横や下へはうことなく斜上し、樹高は普通2〜4m、大きいものは6m以上になる。'カンジロウ'（勘次郎）など樹高が大きくなるカンツバキの品種群で、花弁が比較的少ない八重の赤花種がよく植えられている。赤桃色に咲くものもある。関東地方などではタチカンツバキの植栽が多く、これをサザンカと呼び慣わしていて、分類上は誤りではない。カンツバキと同様に、花弁化した雄しべをもつ花を含む。葉をもむと、微かにチョウジのような芳香がある。

【似ている樹種：他のサザンカ類（139 カンツバキを含む）】

単葉／単鋸歯／互生

被子植物

常緑広葉中低木

白花種

花芯近くでは雄しべから花弁に変化する途中の形状のものがよくみられる

蒴果の毛は少なめ

花は八重、花弁は多め

★★ 主脈基部や葉柄上面の毛はわずかで、いずれ落ちる

赤桃色の千重に近い八重咲きが多い。

カンツバキ

ツバキ科 *Camellia sasanqua* 'Shishigashira' など

栽培品種
主な人為拡散域：東北中部以南
雌雄同株・同花／花期：(11,)12-3月
果熟期：(8,)9-10月

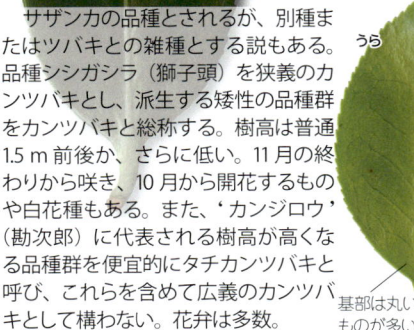

★ サザンカほど反らず、平たい

強い光沢

表

葉の長さ 5〜9 cm

うら

サザンカの品種とされるが、別種またはツバキとの雑種とする説もある。品種シシガシラ（獅子頭）を狭義のカンツバキとし、派生する矮性の品種群をカンツバキと総称する。樹高は普通1.5 m前後か、さらに低い。11月の終わりから咲き、10月から開花するものや白花種もある。また、'カンジロウ'（勘次郎）に代表される樹高が高くなる品種群を便宜的にタチカンツバキと呼び、これらを含めて広義のカンツバキとして構わない。花弁は多数。

'シシガシラ' の新梢 毛は1年程度で落ちる

基部は丸いものが多い

下面は、ほぼ無毛

樹姿

【似ている樹種：137 サザンカ、138 タチカンツバキ】

単葉
単鋸歯
互生

被子植物

常緑広葉低木

花弁は多少のしわがある。

蒴果は萼が残るものが多い

種子
淡茶色〜灰赤茶色で軽い

鋸歯は背が丸い

花と蕾　明瞭な花柄があり、萼片は丸い

★★ 側脈は、乱れた肋骨状

表

葉の長さ
5〜8.5 cm

四木三草の一つ。

チャノキ
（チャ）
ツバキ科　*Camellia sinensis*

外国産（中国）
主な人為拡散域：東北中部以南
雌雄同株・同花／花期：9-11月
果熟期：10-12月

葉柄の上面は、皿形で微毛

うら

見えにくい絹毛が散生

生垣仕立ての樹姿

樹高は2〜6m以内。普通は生垣などとして樹高1〜1.5m内外のものが多い。花弁は5個で白色。サザンカのような若干のしわがあり、少しうつむいて開く。萼片はすぐには落ちず、多くは果実と運命をともにする。葉をもむとわずかに香ばしくて青い匂いがあり、お茶の香りは感じられない。ツバキ類の多くは、幹肌が美しい。妙齢のチャノキの樹皮は、細かい凹凸はあるが、色が白くて平滑。その湾曲する姿は、ツバキ類では最も美しいのではないか。

【似ている樹種：137 サザンカ、139 カンツバキ】

単葉／単鋸歯／互生／被子植物／常緑広葉中低木

葉には、にぶい光沢がある

液果 美しくて水っぽい

淡色で上面は平たい

暗い林内に、花の香りが漂う

★ 厚く両面無毛、側脈は目立たない

★ ヌメ革のように平坦

表

葉の長さ 8〜11 cm

ヒサカキなどと同様に、神前で使われる。

サカキ
（ホンサカキ）
ツバキ科　*Cleyera japonica*

関東〜九州産
主な人為拡散域：東北南部以南
雌雄同株・同花／花期：(5,)6-7月
果熟期：10-11(,12)月

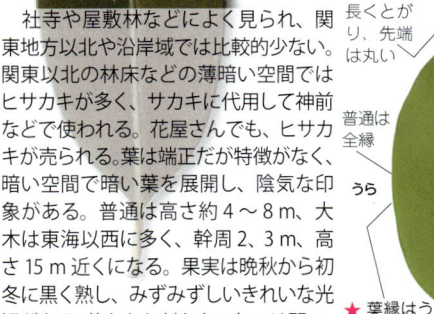

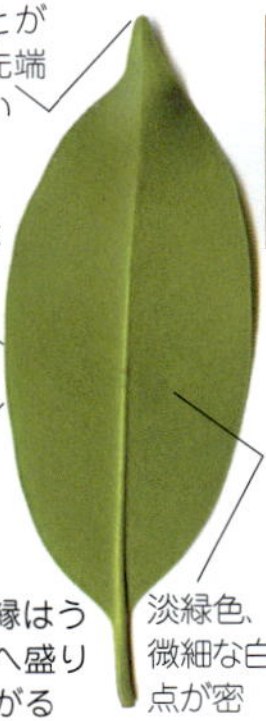

長くとがり、先端は丸い

普通は全縁

うら

★★ 頂芽は鎌形に曲がる

　社寺や屋敷林などによく見られ、関東地方以北や沿岸域では比較的少ない。関東以北の林床などの薄暗い空間ではヒサカキが多く、サカキに代用して神前などで使われる。花屋さんでも、ヒサカキが売られる。葉は端正だが特徴がなく、暗い空間で暗い葉を展開し、陰気な印象がある。普通は高さ約4〜8m、大木は東海以西に多く、幹周2、3m、高さ15m近くになる。果実は晩秋から初冬に黒く熟し、みずみずしいきれいな光沢がある。葉をもんだときの匂いは弱い。

【似ている樹種：71 シキミ、210 モチノキ】

★ 葉縁はうらへ盛り上がる

淡緑色、微細な白点が密

樹姿

単葉
全縁〜単鋸歯
互生

被子植物

常緑広葉中木

141

雄花

★★ 背の丸い独特の鋸歯

液果

両性花

不完全な雄しべの雌花

雌花

両性花と雌花　不完全な雄しべをもつ雌花も見える

液果 果柄は約 1.5〜3.5 mm と短い

上面は平たい、ときに黒紫色を帯びる

★ 先端は凹む

表

花はプロパンガスや酒粕に似た強い匂い。

ヒサカキ

ツバキ科　*Eurya japonica*

東北中部以南産
主な人為拡散域：東北以南
雌雄異株または同株・異花および同花
花期：(2,)3-4 月／果熟期：9-11(,12) 月

厚く、両面ほぼ無毛

葉の長さ 4 〜 10.5 cm

単葉／単鋸歯／互生

被子植物

常緑広葉中低木

うら

サカキに似た鎌形の頂芽

下枝がよく残る

樹高は普通 2 〜 7 m、庭や公園によく植えられる。どちらかというと日陰に多いが、日向でも良好に生育し乾燥にも強い。花は小枝に列をなして多数咲き、プロパンガスや酒粕に似た強い匂いがあるが、ハマヒサカキより少し穏やかな香りである。雄花の香りは雌花よりも強い。果実は果柄が短く、枝の全周にゾロゾロとつく。三々五々に熟して淡緑色、淡紫色、黒紫色など、賑わしい。一つ一つは美しいが、果実のつき方とその彩りは、地味で気持ち悪い感じもする。

【似ている樹種：164 シャシャンボ、237 マサキ】

雄花

表
厚く両面無毛、強い光沢

★★ 先は丸い

縁はうらへ湾曲

小枝は毛が密生

生垣によく植えられる

表
(着葉枝)

葉の長さ
2.5～4.5 cm

花は小さく数が多く、近よるだけでガスくさい。

ハマヒサカキ

ツバキ科　*Eurya emarginata*

関東南部以西産
主な人為拡散域：東北中部以南
雌雄異株または同株／花期：10-1月
果熟期：11-1月

単葉

単鋸歯

互生

被子植物

常緑広葉中低木

花は小さくて数が多く、葉腋ごとにつき、近くを通るだけでガスくさい。これはプロパンガスなどに添加されるチオールの臭いに似ているが、ガス検知器には小猫の屁のように感知されることがない。普通、高さ1、2m以内の植え込みや生垣として植栽され、大きくても4、5m程度。耐陰性があり下枝が枯れ上がらず、枝葉が密につき、遮蔽率が高い。その姿から想像するほど乾燥には強くないが、潮風に強い。果実は、花とほぼ同時期の1年後に熟す。

うら
(着葉枝)

若い液果

植込みの樹姿

前年の実果が長く残る

実殻と膨らみ
はじめた**冬芽**

★ **実殻** 裂片の
　　先端は整う

花弁は、やや厚ぼったい
花糸は白黄〜黄緑色

★★ 葉縁、主脈沿いに毛、
　　脈腋の毛は濃い

ほぼ無毛

鋸歯は低い
が明瞭、先
は鋭い腺点

ナツツバキよりも花や果実が小さい。

ヒメシャラ

ツバキ科　*Stewartia monadelpha*

関東南部〜近畿・四国・九州産
主な人為拡散域：東北〜九州
雌雄同株・同花／花期：5-7月
果熟期：9-11月

表

葉の長さ
4〜9 cm

単葉
単鋸歯
互生

被子植物

落葉広葉中高木

葉は互生

うら

樹姿

光沢がある

下面などに毛

「姫」の冬芽は、4〜8枚の芽鱗で守られる。花は、径約3cm以下と小さい。樹高は普通1.5〜6mくらい、暖地では大木となり15mを超える。ナツツバキよりも花や果実が小型で、戸建住宅などによく植えられ、公園や街路にも植えられる。葉の毛はあまり目立たないが、うらの脈腋には毛が密生する。この脈腋の毛がナツツバキでは目立たないことから、「姫は腋毛が濃い」。ただし、若い人なら肉眼でも分かるが、老眼では見えづらい。【似ている樹種：145 ナツツバキ】

若い蒴果

種子

実殻の裂片先端は、ヒメシャラより乱れる

うら

花弁は5枚で側縁にしわがある

鋸歯は低く、先は鋭い腺点

無毛 光沢がない

★★ 脈腋の毛は目立たない 全体に長伏毛が散生

表

樹肌は滑らかで、ヒメシャラより美しい。

ナツツバキ
(シャラノキ)
ツバキ科　*Stewartia pseudocamellia*

東北南部〜九州産
主な人為拡散域：北海道中南部〜九州
雌雄同株・同花／花期：6-7月
果熟期：9-10月

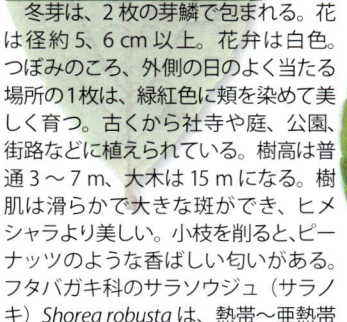

葉の長さ 4.5〜10 cm

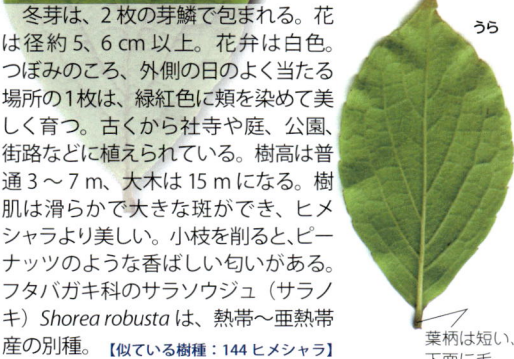

単葉

単鋸歯

互生

被子植物

落葉広葉中高木

うら

実殻の先は乱れやすい

　冬芽は、2枚の芽鱗で包まれる。花は径約5、6 cm以上。花弁は白色。つぼみのころ、外側の日のよく当たる場所の1枚は、緑紅色に頬を染めて美しく育つ。古くから社寺や庭、公園、街路などに植えられている。樹高は普通3〜7 m、大木は15 mになる。樹肌は滑らかで大きな斑ができ、ヒメシャラより美しい。小枝を削ると、ピーナッツのような香ばしい匂いがある。フタバガキ科のサラソウジュ（サラノキ）*Shorea robusta*は、熱帯〜亜熱帯産の別種。【似ている樹種：144 ヒメシャラ】

葉柄は短い、下面に毛

樹姿

145

色ついた蒴果

裂開し、赤い種子を見せる

葉柄は赤いものが多い

断面は半円形

両性花

葉は枝先に集まる

蒴果　種子

全縁　縁部まで葉緑素がある

★★ 全面厚く、表は光沢が強い

表

葉の長さ 6〜12cm

庭木の王女といわれ、自然に美しく端正に育つ。

モッコク

ツバキ科　*Ternstroemia gymnanthera*

関東南部以西産
主な人為拡散域：東北以南
雌雄同株・同花または雄花
花期：6-7月／果熟期：10-11月

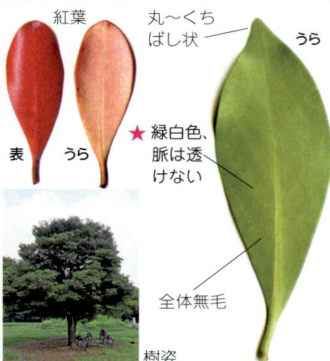

単葉／全縁／互生

紅葉

丸〜くちばし状

うら

表　うら

★ 緑白色、脈は透けない

全体無毛

樹姿

被子植物

常緑広葉中高木

庭木の王女といわれ、葉はきれいな光沢があり、葉柄は赤くて気品がある。モッコクハマキの幼虫やカイガラムシ類などの病害虫に好まれ、その防除と親心が要求される。樹高は普通2〜6m、高いものは関東地方以西にあり15〜20mを超える。果実は秋、赤く乾いて裂開したのち赤茶色になり、橙色の種子を露出する。この種子は硬く無臭、爪で押しても割れず、鮮橙色の液が滲出する。散りぎわの葉は、表面が赤く紅葉して輝く。

【似ている樹種：241 モチノキ】

赤い葉が混在する

背の長い低い鋸歯

若い**核果** このあと深いオリーブ色に熟す

★★ダニ室

下から見上げた枝振り

やや薄く柔らか、しっとりした感触

表

ほぼ無毛

葉の長さ 6〜15 cm

葉はヤマモモに似るが、やがて赤く美しくなる。

ホルトノキ
（モガシ）

ホルトノキ科 *Elaeocarpus sylvestris* var. *ellipticus*

関東南部以西産
主な人為拡散域：関東以西
雌雄同株・同花／花期：6-8月
果熟期：10-12月ほか

単葉

単鋸歯

互生

被子植物

常緑広葉高木

うら

熟した**核果**

核果

紅葉

細い、上面に溝がない

樹姿

　樹形は端正で、幹は素直に伸び、街路や公園などに植えられる。葉はヤマモモに似るが、老いて赤く美しい。普通は樹冠の一部に赤い葉が残るか、あるいは下に落ちている。隣近所の葉がいっせいに赤くなることがない。南方産で寒さに弱い。樹高は普通6〜15 m、高いものは東海地方以西の主に西日本に多く、25〜30 mに達する。葉の側脈腋に三角膜状のダニ室があり、表は膨らみ、うらは開口するかポケット状になり、ここに毛があることが多い。【似ている樹種：111 ヤマモモ】

147

葉は薄い革質

蕾 1つの花序に10～25個と花が多い

花には芳香がある
ジョウカイボンが来ている

★★ 脈腋に黄金～淡茶～白色の毛が密

やや革質
ザワザワしない

樹冠は明るく、垂れ下がる苞葉の面白さ。

シナノキ

シナノキ科 *Tilia japonica*

北海道～九州産
主な人為拡散域：北海道～九州
雌雄同株・同花／花期：6-8月
果熟期：8-9月

単葉
単鋸歯
互生

被子植物
落葉広葉高木

表

ほぼ無毛で細長い

葉の長さ
7～16cm

花　　　うら

苞葉の、両面と柄は無毛

★ 脈間は普通無毛

柄は2～3cmと長め

開花期の樹姿

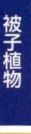

主幹は直立し、普通は8～10m、高いものは中部地方以北に多く30m。公園や街路に、類似種のなかでは最もよく植えられている。花の香りはオオバボダイジュほどは強くないが、樹全体の色が変わるほど咲いて壮観。ハチなどが多く集まる。初冬、果実は苞葉とともに風散する。近畿～九州地方には、苞葉に柄がなく葉柄が5～20mmのヘラノキ *T. kiusiana*、関東北部など以北にオオバボダイジュ、四国には果実がほぼ無毛の変種シコクシナノキ var. *leiocarpa* が自生する。

【似ている樹種：149 オオバボダイジュ、150 ボダイジュ、151 ナツボダイジュ、233 ハンカチノキ】

総苞と蕾 花序

★ ザワザワしない
表
★★ 葉うら全体に白色の星状毛が密

脈腋に毛束

花数は 6 〜 13 個前後

葉の長さ 11 〜 23 cm

花は大きくてジャスミンのような強い芳香

オオバボダイジュ

シナノキ科　*Tilia maximowicziana*

北海道〜関東北部・中部産
主な人為拡散域：北海道〜九州
雌雄同株・同花／花期：6-7(,8) 月
果熟期：9-10(,11) 月

単葉
単鋸歯
互生

うら
葉は厚く大きい
星状毛が密、長く太い
苞葉の柄は 5 mm 以下と短い、両面と柄に毛が密
下枝は豊かにつく

被子植物
落葉広葉高木

樹高は普通 6 〜 10 m、大木は中部地方以北の温帯に多く、条件がよいと 25 m を超える。公園や街路などに植えられている。葉は類似種では、もっとも大きい。葉の星状毛はボダイジュと同様に柔らかく、あまりざらつかない。花は径約 1.5 cm 以上と大きくて肉厚。ジャスミンのような強烈な芳香があり、ハチやハエ目、甲虫目などが多く訪れる。若枝は毛があり、削るとチョークのようなほこりっぽい匂いがする。

【似ている樹種：148 シナノキ、150 ボダイジュ、151 ナツボダイジュ】

うら

特に若い葉は、うらが白い

葉うらの星状毛
葉柄は星状毛が密で太め
主脈合部に星状毛

若い実

終わりかけの花と苞葉

★ 苞葉の柄は 3 ～ 5 mm と短い 柄を含め全体に星状毛が密

インドボダイジュはクワ科の別種。

ボダイジュ

シナノキ科　*Tilia miqueliana*

外国産 (中国、朝鮮半島)
主な人為拡散域：北海道中部～九州
雌雄同株・同花／花期：6(,7) 月
果熟期：9-10(,11) 月

表

やや革質で光沢なく、ほぼ無毛

葉の長さ 6 ～ 16 cm

★★ 全体に白い星状軟毛 柔らかい感触

1 つの花序に 6 ～ 12 個、ときに 20 個の花

脈腋の毛束はない

うら

樹姿

単葉
単鋸歯
互生
被子植物
落葉広葉高木

　樹高は約 6 ～ 15 m、大きいものは関東地方などにあり 20 m を超えるが少ない。フユボダイジュ *T. cordata* は葉身が約 6、7 cm 以下と小さく、ナツボダイジュは葉がざらつき、セイヨウシナノキ *T. x vulgaris* は両者の中間的形質を備えていて葉身の長さは 10 cm 前後まで。これらを総称してセイヨウボダイジュ（リンデンバウム）と呼ぶ。枝を削ると、ほこりっぽい青臭さがある。お釈迦さまのインドボダイジュ *Ficus religiosa* はクワ科の別種で、近年は流通がある。

【似ている樹種：148 シナノキ、149 オオバボダイジュ、151 ナツボダイジュ】

葉うらの脈間は少し暗色

★★ 脈上、脈沿い、脈腋に淡色の長毛が密

若い**堅果** 1つの果序に3〜5、6個と少ない

質は薄い、粗毛があり、ザワザワとした指触り

葉はやや薄く、弱い光沢がある

苞葉の柄は8〜15mmと明瞭
両面と柄は無毛

原産地では巨木となり、30m以上になるという。

ナツボダイジュ

シナノキ科　*Tilia platyphyllos*

外国産（ヨーロッパなど）
主な人為拡散域：北海道中南部以南
雌雄同株・同花／花期：5-6月
果熟期：10月

単葉
単鋸歯
互生

表
葉の長さ 6〜15cm

脈間は無毛
一年枝
葉柄
葉柄と一年枝に粗い毛

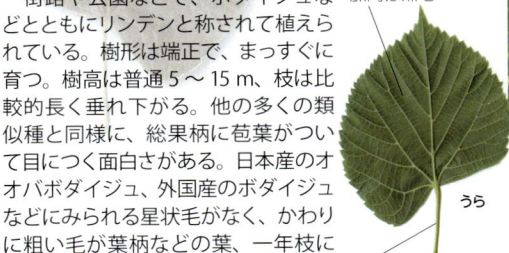

うら
細身で、粗毛がやや密

樹姿

街路や公園などで、ボダイジュなどとともにリンデンと称されて植えられている。樹形は端正で、まっすぐに育つ。樹高は普通5〜15m、枝は比較的長く垂れ下がる。他の多くの類似種と同様に、総果柄に苞葉がついて目につく面白さがある。日本産のオオバボダイジュ、外国産のボダイジュなどにみられる星状毛がなく、かわりに粗い毛が葉柄などの葉、一年枝に生え、ざらついた感触がある。枝を削ると、ほこりっぽい青臭さがある。

【似ている樹種：148 シナノキ、149 オオバボダイジュ、150 ボダイジュ】

被子植物
落葉広葉高木

葉より先に、**蓇果**が茶色に熟す　枯れ枝のように見えるのは、落果したあとの軸

若い**蓇果**

種子

雌花だけが開いている
雄花と雌花は開花を2～3日ずらす

★★ポケット状に切れ込む

表

葉の長さ
20～45 cm

成長は早いが、短命のうち倒れることが多い。

アオギリ

アオギリ科　*Firmiana simplex*

東海以西（局所的）産
主な人為拡散域：北海道中部以南
雌雄同株・異花／花期：5-7月
果熟期：9-10月

単葉／全縁浅裂／互生／被子植物／落葉広葉高木

若い**蓇果**　5つの裂片に分かれて成長する

全体に星状毛、ざわつく

うら

★深いハート形に凹む

脈合部（表）に腺点がない

樹姿

樹高は普通6～12 m、大きなものは20 mを超すが、大木が少ない。幹は、かなり太くなっても緑色を保ち、この珍奇さと爽健な性質が公園や学校、街路などで喜ばれてきた。小枝を削ると、土ぼこりのような、えぐい青臭さがある。牧野富太郎博士はアオニョロリと書き残し、種子は煎って食べたそうだが、種皮は硬くちりめん状にしわしわで、喉の通りが悪そうである。春の芽出しは遅い。夏から秋、果実は5裂片に分かれ、1裂片が長さ7 cm以上にもなる苞状片になって熟す。

【似ている樹種：285 ハリギリ、306 キリ】

雄しべは多数、雌しべは4分割する

星状毛と短毛、断面は丸い

種子

裂開した**蒴果**

★★ 片側に白い長毛

★ 浅く3～5 ときに7裂

薄く柔らか、フェルト状の手触り

脈合部に毛束はない

白花のフヨウ

葉が大きく、庭や公園などに植えられる。

フヨウ

アオイ科　*Hibiscus mutabilis*

外国産（中国）
主な人為拡散域：北海道南部以南
雌雄同株・同花／花期：7-10月
果熟期：8-11月

単葉
単鋸歯浅裂
互生

表

葉の長さ18～32cm

蒴果

なだらかな低い鋸歯

品種スイフヨウ
普通は八重咲き

うら

全面に短毛と星状毛が密

下枝は豊かにつく

　叢生または単幹で、枝は横に張る。樹高は普通2～4m。果実の裂片は白褐色で薄く、白い長毛が外表に散生し、縁には密生する。種子は白い長毛が片面に生え、互いに絡まってどうしようもないため、それを濾しわけて一度に飛び出させない。枝を削ると、小鳥の餌のような穀物くさい香りがある。朝の咲きはじめ白く、夕方には濃い桃色に色づく品種にスイフヨウ(酔芙蓉)'Versicolor'があり、酒好きの兄姉に愛される。花はしわびて終焉のころ、最も赤く酔う。結ぶ果実も心なしか赤い。【似ている樹種：154 ムクゲ】

被子植物

落葉広葉中低木

大きな丸い鋸歯

葉は小柄で、互生する

冬季は実殻が目立つ

蒴果　種子　花

長毛が周回し、両側面は無毛

★★ 菱形～三浅裂

光沢なく、毛が散生

表

大韓民国の国花。
ムクゲ
（ハチス）
アオイ科　*Hibiscus syriacus*

外国産（中国～西アジア）
主な人為拡散域：北海道南部以南
雌雄同株・同花／花期：(6,)7-10(,11)月
果熟期：10-11月

全体に毛、断面は丸い

葉の長さ 4.5～11 cm

単葉 / 単鋸歯 / 互生

被子植物

落葉広葉中低木

蒴果　長さ約2.5～3 cm、フヨウのように粗い長毛はない

うら

樹姿

三行脈

公園や庭、学校、社寺、公共施設などに数多く植えられ、品種が多い。成長が早く、夏、たくさんの花が長い期間に次々と咲く。幹は細く、放置すると多数が叢生して豊かな樹形になる。樹高は普通2～4m、大きいものは7mを超える。果実は秋～冬にかけて5裂し、中からクォーテーションマークに毛が生えたような種子が飛散する。この種子はモヒカン状に長毛が周回し、ヒヒの顔にも似る。この毛を恥ずかしながら抜いてみると、黒帯になっている。【似ている樹種：153 フヨウ】

黄葉は美しい

蜜腺
長く、上面に複数の細溝

若実と葉うら　液果は球形で一房が長さ20cm以上になる

雌木は長期間、燃える情念のような赤い果序をつける

9月の液果（約8〜10 mm）
熟すともう少し赤くなる

★★ 鋸歯は大柄で低く、片方の辺が長い

★ 大きな広卵形〜ハート形で無毛

樹形は端正で大きく、キリに似る。

イイギリ

イイギリ科　*Idesia polycarpa*

東北沿岸以南産
主な人為拡散域：北海道南部以南
雌雄異株／花期：(3,)4-5(,6)月
果熟期：(9,)10-12月

単葉

単鋸歯

互生

表

葉の長さ
15〜40 cm

屋敷林や里山、公園でよく見かける。幹は真っ直ぐに伸び、大枝は横に広がり、樹形は壮大でキリに似ている。葉もキリに似るが裂けず、より小さく、互生する。樹高は普通8〜12 m、高いものは15 mになる。雌木は、秋から初冬にかけ果実が赤橙色に熟して垂下し、落葉後も残り、樹冠全体が燃えしたたるように美しい。葉をもむと弱くほこりっぽい青い匂いがし、小枝は削ると柔らかく、落花生とゴマ油を混ぜたような、すぐに消える香りがある。

成木は普通浅裂しない

うら

やや白い

蜜腺

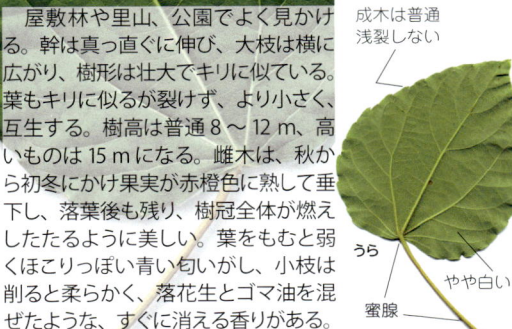

液果　中に多数の種子がある

樹姿

被子植物

落葉広葉高木

【似ている樹種：248 アカメガシワ、290 クサギ、306 キリ】

大きく丸く、やや北斎の白波状

道ばたに積もる綿毛

落下した果序と葉

蒴果と綿毛

大木の樹姿

大枝が横に開き、猛々しい樹形となる。

カロリナハコヤナギ
（カロリナポプラ）
ヤナギ科　*Populus angulata*

外国産（北アメリカ）
主な人為拡散域：北海道南部以南
雌雄異株／花期：3-4月
果熟期：(4,)5-6月

表

革質、両面無毛

葉の長さ 11〜18 cm

単葉 / 単鋸歯 / 互生

★ 三角状スペード形

無毛で長い、断面は扁平

うら

★★
水平に開くか、浅いハート形〜くさび形

胴吹きの葉

被子植物 / 落葉広葉高木

　大木になることや葉・幹などの質感は、セイヨウハコヤナギ（イタリアヤマナラシ）と似ているが、カロリナハコヤナギの大枝は横に開き、ハルニレが下枝を残したような猛々しい樹形となる。樹高は普通 12〜18 m、高いものは 25〜30 m に及ぶ。主に温帯以北で、公園などの並木として大木を見ることが多い。5月ごろ、セイヨウハコヤナギと同じように、綿毛をつけた種子が季節はずれの雪のように降りつもり、大きな並木では思いがけない異風景に心躍る。

【似ている樹種：157 セイヨウハコヤナギ】

独特の箒状樹姿
低く丸い背があり、やや北斎の白波状
雪のように降り積もる綿毛
落果と綿毛

薄く硬い革質 両面無毛
表
葉の長さ 8〜15 cm

樹形は整った狭いほうき状で美しい。

セイヨウハコヤナギ
（イタリアヤマナラシ、ポプラ）
ヤナギ科 *Populus nigra* var. *italica* ほか

外国産（中南ヨーロッパ、西アジアなど不詳）
主な人為拡散域：北海道〜九州
雌雄異株／花期：3-4月
果熟期：5-6月

単葉
単鋸歯
互生

★ 三角形〜ひし形 卵形
うら
成葉 若葉は赤みを帯びるものが多い

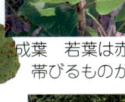

★★ 広いくさび形 〜水平に開く
無毛で長い、断面は扁平
北大のポプラ並木

日本では北海道の農地防風林などに多く植栽され、北大第一農場のポプラ並木がその象徴的なものである。各地で壮大な並木が形成されている。樹高は普通 15〜20 m、高いものは中部地方以北に多く、30〜35 mになる。原産が不詳で、材木生産の過程でヨーロッパ産とアメリカ産などで交雑が進み、成立したいくつかの種間変異群の総称と考えられている。葉をもむと、甘くて青い匂いがあり、枝を削るとニッキのような甘しっとり系の香りがある。

【似ている樹種：156 カロリナハコヤナギ】

被子植物
落葉広葉高木

雄花序

幽霊の後ろ髪のような枝葉が喜ばれる

目立たない短毛
主脈基部に短毛が残る

皇居大手門の若いシダレヤナギ

★ 鋸歯は低いが鋭い

表

かつて、銀座のシダレヤナギが有名。

シダレヤナギ
(イトヤナギ)
ヤナギ科　*Salix babylonica*

外国産（中国、朝鮮半島）
主な人為拡散域：北海道中南部以南
雌雄異株／花期：3-5月
果熟期：5(,6)月

単葉／単鋸歯／互生
被子植物／落葉広葉高木

うら
雌花序

★★ 両端とも狭いくさび形
★ 葉うらは粉白色で無毛

落葉は遅く、黄葉する

葉の長さ 9～13cm

歌にも唄われ、高度成長期までに各地で多数が植えられたが、腐朽が入ると倒れやすく、ハムシの害が多いなどにより需要が減った。昭和50年頃の東京区部近辺では、街路樹でもノコギリクワガタが採れた。樹高は普通6～15m、大木は中部地方以北に多く、20mを超える。枝が水面に揺れる姿は美しく、水辺に植えられることも多い。木霊が宿るなどの伝承が転じ、普通は夏、樹冠下には幽霊が出るらしい。挿し木により繁殖され、枝がよく徒長する雄株が流通する。

雄花序

雄しべは3本、葯は黄色

雌花序

両面無毛

主脈基半が淡色、細くはない

鋸歯はとがらず、背が長い

表

★★ 両面無毛

葉の長さ
5〜15 cm

水を好み、乾燥する街路や庭には適さない。

タチヤナギ

ヤナギ科　*Salix subfragilis*

北海道〜九州産
主な人為拡散域：北海道〜九州
雌雄異株／花期：(3,)4-5(,6)月
果熟期：6-7(,8)月

単葉
単鋸歯
互生

直線状にとがる

樹高は普通5〜10 m。樹形は多少曲りながら、ハンノキのようにしっかりと立つ。各地の水辺に生育し、もっとも身近なヤナギの一つで、都市でも公園などの水辺に植えられているが、多くはない。水湿地を好み、急な乾燥に弱く、街路などの都市環境には適さない。老木は樹洞が目立ち、クワガタやカナブンが集まる。一般に、高木性のヤナギ類をおしなべて立柳と呼ぶことがある。また、シダレヤナギの枝垂れないものを、俗に立柳と呼んでいることがある。

うら

葉は革質と洋紙質の中間で、弱い光沢がある

樹姿

★ 無光沢で、白くない

被子植物

落葉広葉中高木

別種サラサドウダン

葉身が長く沿う

蒴果の断面はスターフルーツのような五稜形

種子
蒴果

花柄は白く長い

主脈上に毛
光沢はない

表

長命で、高いものは 4m 以上の大木に。

ドウダンツツジ

ツツジ科　*Enkianthus perulatus*

東海〜九州 (局所的) 産
主な人為拡散元：北海道中南部以南
雌雄同株・同花／花期：(3,)4-5 月
果熟期：11-12 月

★★ 小さめの菱形で、基部はくさび形

葉の長さ
3〜9cm

単葉

単鋸歯

互生

光沢がある

うら

被子植物

冬姿　頂芽優勢で側芽は発達が悪い

主脈基部付近に毛が密

低木の樹姿

落葉広葉中低木

枝はよく分枝し叢生し、普通は樹高 1,2 m。先端の枝は一カ所から 2〜4 本が輪生状に斜出する。秋の燃え立つような紅葉が印象的で、植え込みなどによく植栽され、単木でも存在感がある。側芽はあまりつかず、頂芽は灯火のように空に向かう、燈台躑躅。花が風鈴形で紅色の縦条がある自生の別種サラサドウダン（フウリンツツジ）*E. campanulatus* が、郊外の庭などによく植えられている。花柄は緑色で葉は丸みのある楕円形。紅色の濃い品種などがある。これは酷暑を嫌う。

【似ている樹種：162 アセビ】

'スティールウッド'

'レッドクラウン'

微細なしわ

カルミア品種 'キャンディ'

厚く、両面無毛

表

弱い光沢

葉の長さ 3〜14 cm

カルミアの属数種の総称で、多くの園芸品種がある。

カルミア

ツツジ科　*Kalmia* spp.

外国産（北アメリカ他）
主な人為拡散域：北海道中部〜九州
雌雄同株・同花／花期：4-6月
果熟期：9-11月

単葉
全縁
互生

被子植物

常緑広葉中低木

アメリカシャクナゲ（ハナガサシャクナゲ）*K. latifolia* を基本とした数多くの園芸品種が公園や庭などに植栽されている。樹高は普通2m以下の低木で、耐陰性もある。植え込みとして、矮性の品種を群植することもある。大きなものは5mを超える。そのほか、葉がキョウチクトウのように細いホソバアメリカシャクナゲ *K. angustifolia* など数種があるが比較的少ない。いずれも常緑の低木で、おちょこ傘形の小さな星のような花がたんと集まって咲く。それぞれ、愛らしい。

【似ている樹種：162 アセビ】

★★ 直線状にとがる

うら

★ 淡緑色、側脈は目立たない

蒴果

樹姿

161

花は風鈴形で多くつく

種子　蒴果

無毛、上面はU字の溝

花柄は短い　萼片は細くて花筒を抱える

葉は枝の先に集まり、輪生状に互生　品種フイリアセビ

★★ 両面ほぼ無毛、光沢に次第に弱く粗いシボが

表

庭や庭園によく植えられている。

アセビ
（アセボ）
ツツジ科　*Pieris japonica* subsp. *japonica*

東北中部（太平洋側ほか）〜九州産
主な人為拡散域：北海道中南部〜九州
雌雄同株・同花／花期：2-4(,5) 月
果熟期：(9),10-11(,12) 月

★ 長倒卵形〜長楕円形、基部はくさび形

葉の長さ 3〜10 cm

単葉
単鋸歯
互生

蒴果は短く曲がった柄があり、小鈴が下がるようにつく

うら

樹姿

帯白緑色網脈は透ける

被子植物

常緑広葉中低木

馬酔木。昔好きだった曲で知った人もいるだろう。樹高は普通 1〜3 m 程度の低木が多く、高いものは 6、7 m になる。毒素を持ち、これにより草食哺乳類から食べられることを防いでいるといわれ、この毒を体内に蓄えるために食べる昆虫もある。ペットなどの中毒例は聞かない。果実は小さくて多数、その基部、果柄の周囲は、いじわるばあさんの頭のように、丁寧に盛り上がる。葉の端やその付近に白い斑入りの品種フイリアセビ f. *elegantissima* があり、冬季は斑がピンク色を帯びる。

【似ている樹種：160 ドウダンツツジ、161 カルミア、164 シャシャンボ】

桃色の品種

蒴果には短毛が密生し、枯れた柱頭が残る

上面は細い溝があるか丸く、星状毛が密

赤色の品種

★★
質厚で両面ほぼ無毛、弾力性に欠ける柔らかさ

表

葉の長さ 10〜25cm

英米などで作られた園芸品種などの総称。

セイヨウシャクナゲ

ツツジ科　*Rhododendron* cvs.

外国産（中国、西アジアなど）
主な人為拡散域：北海道〜九州
雌雄同株・同花／花期：4-5(,6)月ほか
果熟期：9-11月

単葉 / 全縁 / 互生

うら

緩やかにとがる

葉は厚く、枝先に多くつく

樹冠

★両面とも光沢なく、脈が目立たない

イギリスやアメリカなどで作出された園芸品種や交配種と、その系統品種群を総称してセイヨウシャクナゲと呼んでいる。一般に花が大輪で、若干の耐暑性があり、空気中の湿度を要求せず、土壌の乾燥や過湿に耐えるものが多い。寒さにも強い。樹高は1〜5mと大きく、葉も大きい。品種改良が進んだ結果、日本産シャクナゲ類よりも花が豪華で都市環境に強く、公園や庭などに多く植えられる。しかし、暖帯の都市樹木としては強くはなく、葉の黄化や傷みも少なくない。
【似ている樹種：96 ユズリハ、97 ヒメユズリハ】

被子植物

常緑広葉中低木

★★ 主脈上（葉うら）に、目立たない突起が数個、指に感じる

小さなブルーベリーのように熟す

若い液果　たくさんの果実が並ぶ

ときに桃色を帯びる

下から見上げた梢

★ 主脈、側脈が淡色

表

厚く、ほぼ無毛

葉の長さ 3〜9 cm

果実はブルーベリーのような濃青紫色。

シャシャンボ

ツツジ科　*Vaccinium bracteatum*

関東南部以西産
主な人為拡散域：関東以西
雌雄同株・同花／花期：(4,)5-7 月
果熟期：10-12 月

単葉／単鋸歯／互生

被子植物

常緑広葉中低木

くちばし状に鋭くとがる

先端は 5 つの紋形

細い葉　液果

うら

側脈が目立つ

樹高は 2〜5m、普通は低木として植えられるが、大きいものは 8m になる。関東地方では比較的少なく、ときどき庭園や社寺などに植えられている。花はアセビに似た壺状で、いつのまにか咲いて落ちる。果実は秋、ブルーベリーのように表面に粉を吹いた濃青紫色に熟し、先端には五弁花の刻印のような凹みがある。食べられるが、小さくて、とてもおいしいと思えるほどに甘くもない。葉をもむと、青ずっぱい弱い匂いがある。

【似ている樹種：142 ヒサカキ、162 アセビ】

雌花　萼片は大きい

若い液果

果熟期の樹冠

★ 短毛が密
上面は平坦

★★ 脈が凹み、脈間はシボ状

落葉樹にしては厚く、光沢がある

表

葉の長さ
8〜25 cm

日本の秋の原風景の一つ。

カキノキ

カキノキ科　*Diospyros kaki*

東北〜九州産
主な人為拡散域：北海道中部以南
雌雄同株・同花または異花
花期：5-6月／果熟期：10-1月

単葉／全縁／互生

被子植物

落葉広葉中高木

うら

側脈は葉縁に達しない

葉は光沢が強い

樹姿

脈沿いや脈腋に長毛が密

　樹高は普通6〜10 m。大きいものは関東地方以西、特に中部以西にあって、幹周3〜4 m、樹高20 mになる。日本の秋の原風景の一つだが、北海道と沖縄では縁が薄い。数え切れないほどの品種がある。これらは渋柿と甘柿に大別され、一般に渋柿のほうが耐寒性がある。芽吹き後の新緑は鶯色に近い黄緑色で、みずみずしい透明感が大好き。葉をもむと、パンのような香ばしい青い匂いがある。黄葉と落葉は比較的早い。果柄は硬く、いついつまでも枝に残る。

【似ている樹種：166 マメガキ、167 リュウキュウマメガキ】

165

全体に長短毛　主脈沿いを残して落ちる

雄花は先端のみ赤く萼片が大きい

雌花は黄色で1つずつ咲く

★★ 約5〜15 mmと短め、上面は毛が散生

若い液果

光沢は強〜弱まで、細身で薄い

かつて柿渋の採取や、渋を抜いて食用に。

マメガキ
（ブドウガキ）
カキノキ科　*Diospyros lotus*

外国産(中国)
主な人為拡散域：東北〜九州
雌雄異株／花期：5-6月
果熟期：10-11月

単葉／全縁／互生

被子植物

落葉広葉高木

表

葉の長さ
6〜16 cm

★ 帯白色〜淡緑色、葉脈はあまり透けず、側脈は盛り上がる

うら

若い葉うらは、毛が多く白っぽい

樹姿

脈間に不揃いな腺点

庭などに植えられ、屋敷林や都市の残存林、都市農地にみられることもある。温帯の里山や農道沿いなどで、野生に近いものがよくみられる。樹高は普通5〜15 m。農家の庭先や畑の際などに、カキノキと同じような雰囲気で生育し、これらは普通、実付きがよく、たわわに実って大変である。葉は、リュウキュウマメガキに似た形質を持つものがある。雄花は先端のみ赤く、萼片は開出して大きい。枝を削ると、ほこりっぽい香ばしさがある。

【似ている樹種：78 ヤマコウバシ、165 カキノキ、167 リュウキュウマメガキ】

干しがきのように枝に残る

成葉はうら主脈上をのぞき毛が落ちる

★ 約15～35 mmと長め、はじめ有毛、成葉は無毛

液果はカキノキほどに橙色に熟さない

熟果

光沢が強い細身で薄い

表

葉の長さ 8～18 cm

果実は緑橙色から橙紫色に膿んだように熟す。

リュウキュウマメガキ

カキノキ科　*Diospyros japonica*

関東以西産
主な人為拡散域：東北中部以南
雌雄異株／花期：3-6月
果熟期：10～11月

単葉／全縁／互生

★ 淡緑色
葉脈は透け、側脈の先と網脈は透明感

うら

雌花は一つずつ咲く
萼片は三角形

樹冠

脈腋に不揃いな腺点

公園や庭などに植えられ、主に暖地の里山などにも植えられる。リュウキュウマメガキの別名がシナノガキ。分布は琉球だけではなく、ややこしい。樹高は普通4～10 m、高いものは15 mを超える。果実は、カキノキのように橙色にならない。冬の気配がするころ、気づかない間に熟す。熟すタイミングがつかめず、食べる気になれないが、渋い。雄花は先端のみ少し赤く、萼片は厚く小さい。別種ツクバネガキ *D. rhombifolia* は、盆栽ときに庭に植えられ、萼片が細く長い。

【似ている樹種：78 ヤマコウバシ、165 カキノキ、166 マメガキ】

被子植物

落葉広葉高木

核果は長い柄で垂れ下がる

箱形または深い溝

葉は互生する

花は多く、下を向いて咲く

あまり光沢がない

★★ 全体が波打つ、菱形に近い

表

葉の長さ 5〜13 cm

葉はやわらかい緑色で少め。幹は細い。

エゴノキ
（チシャノキ）
エゴノキ科　*Styrax japonica*

単葉／単鋸歯／互生

北海道南部以南産
主な人為拡散域：北海道中部以南
雌雄同株・同花／花期：5-6月
果熟期：(8,)9-10(,11)月

脈が白く目立つ

うら

核果

★ 脈腋にダニポケットと毛

樹姿

黄葉

被子植物

落葉広葉中高木

暖温帯の雑木林を代表する中木の一つ。普通7、8ｍで、高くても12ｍを超える程度。やさしい雰囲気があり、公園や街路、庭園などでよく植えられる。初夏の花がいっせいに咲くさま、初秋から晩秋にかけ果実をたわわに下げる様子は、ひかえめな華やかさがある。葉は特徴がなく、そうかといって似ているものもない。一年枝は細く芽付近は扁平に広がり、やせた彼女の上腕のように縦に凹む。紅葉には、ツンとする干し草のような甘い匂いがあり、林全体に秋の香となって漂う。【似ている樹種：169 ハクウンボク】

葉柄内芽 冬芽は葉柄の中に隠れる

溝は合着し、断面は円形

葉の先端は、1～複数個の尾状裂

核果 ハクウンボク

核 ハクウンボク

別種エゴノキ

★★ 丸い、葉先は1～複数の尾状裂片

あまり光沢がない、脈などに短毛

表

葉の長さ 12～20 cm

幹肌や果実はエゴノキに似ている。

ハクウンボク
（オオバヂシャ）
エゴノキ科　*Styrax obassia*

北海道～九州産
主な人為拡散域：北海道～九州
雌雄同株・同花／花期：5-6月
果熟期：(7),8-9(,10)月

単葉 / 単鋸歯 / 互生

被子植物

落葉広葉中高木

　樹高は普通6～15 m。葉の形状は多様。先端の葉は普通丸いが、裂片が出ることもある。2段目以降の葉は亀の手状に3～5つ程の裂片が小さく出るものが多いが、正円形に近いものや楕円形のもの、鋸歯が消失するものなどさまざま。葉柄内芽で、葉柄基部が冬芽を包み込んで育む。冬芽はエゴノキに似ず、卵形の裸芽で白肌色～緑灰色の軟毛が密生する。軟毛は立ち、かわいい。葉をもむと、わずかに甘い青い匂いがある。

【似ている樹種：168 エゴノキ】

うら / 脈が目立つ

核果 先端は牛の乳首のように突出する

★ 短毛と星状毛が密生してざわつく

樹姿

熟す蒴果 もうすぐ溝に沿って3裂開する

短毛が残り、上面に溝はない

裂開したばかりの蒴果
粘着質にくるまれた橙色の種子

種子は次第に乾燥する

潮風や乾燥、日照不足に強い。

トベラ

トベラ科　*Pittosporum tobira*

東北中部以南の沿岸域産
主な人為拡散域：東北中部以南
雌雄異株／花期：4-6月
果熟期：10-11月

単葉／全縁／互生

被子植物

常緑広葉中木

★★ 葉身は基部にいくほど細い

質厚 光沢がある

表

★★ 主脈が目立つ

葉の長さ 5〜11cm

両面、次第に無毛
縁の毛は残る

葉は枝先に多い

うら

★ 網脈が目立つ

樹姿

　東北地方中部以西の特に平野部の都市で、植え込みなどに多く使われる。樹高は普通2〜3mで、大きくても5m程度。大枝は横へ伸び、少し乱れて叢生。特に春から夏、葉に近づくと例えようのない香気があり、もむと昇天の臭みがあり、これには好き嫌いがあろう。一般的な樹葉の青臭さとは異なる人間的なものに近い。この臭みと、色気を感じさせない強鈍な性質が災いし、今ひとつ大切にされることが少ない。果実はきれいな球形だが、裂開して気味の悪い粘着性の種子を見せる。

★★ 脈上と脈腋に毛
脈腋は密

両性花

装飾花

粗い長短毛、赤みを帯びやすい

花序は房状にのびる

剛毛が散生、ざらつかない

表

葉の長さ
6～25 cm

都市では学校や公園などに植えられる。

ノリウツギ
（サビタ）
アジサイ科　*Hydrangea paniculata*

北海道〜九州産
主な人為拡散域：北海道〜九州
雌雄同株・同花／花期：7-8(,9)月
果熟期：10-11(,12)月

単葉 / 単鋸歯 / 対生

被子植物

落葉広葉中低木

うら

尾状に長い

実殻と枯れた装飾花

樹姿

広いくさび形〜丸い

普通1〜3ｍの低木で、高いものは5ｍになり、葉は対生または三輪生。自生では日当たりの良い林縁などに出現。花序は昼夜をとわず昆虫が多く集まり、最初はガクアジサイ *H. macrophylla* f. *normalis* のように球状だが、ゆっくりと伸びて房状になる。枝をもむと糊のようにべたつく。葉をもむと、キュウリとスイカの皮を混ぜたような面白い弱い香りがある。葉に斑が入る品種や、大部分が装飾花のミナヅキ（ノリアジサイ）f. *grandiflora* などが流通している。

【似ている樹種：312 ハコネウツギ、313 タニウツギ、312 ニシキウツギ】

171

萼裂片
萼筒

萼筒は釣鐘形でほぼ無毛、萼裂片は有毛で花時に反り返らない

主脈は淡色、脈沿いは有毛

★ 低い単鋸歯

無毛で短い、上面は皿形の溝

花弁は5枚で普通桃色　花糸も桃色

葉柄上部または葉身に1、2個の蜜腺

★★ やや質薄い、細長い卵形

表

葉の長さ
7〜17 cm

都市にはハナモモと呼ばれる八重の品種が多い。

モモ

バラ科　*Amygdalus persica*

外国産 (中国)
主な人為拡散域：北海道中南部〜九州
雌雄同株・同花／花期：3-4月
果熟期：7-8月

単葉

単鋸歯

互生

被子植物

落葉広葉中木

うら

長くとがる

果熟期の樹姿

開花期の樹姿

樹高は普通2〜5m、高いものは8m以上になる。花は春めき、ソメイヨシノより少し早いか同じころに咲きはじめる。都市に植えられるモモは、ハナモモと呼ばれる八重の品種が多く、萼筒はお椀形で萼裂片は普通10枚と一重花の2倍数で、結実する。この果実はモモと同様に毛に被われて先はややとがり、ウメの果実程度に小さいまま熟し、枝先に干からびるまで残るものがある。この他、白花の品種など多数がある。葉をもむと、モモのシロップ漬けの

甘さを薄くしたような芳香がある。小枝を削ると、ウメと異なり鼻につく埃っぽい青臭さがある。

核果

葉よりわずかに早く咲く

核
（約3〜3.5cm）

★★ 深いしわと大きな穴

● 品種ハナモモ

葉は細く、うらの主脈が目立つ

八重のハナモモの萼裂片は多い

白花のハナモモと紅花のハナモモ

若い核果　小さいまま熟す

被子植物

落葉広葉中木

アンズほど扁平ではなく、球体〜楕円状球体

★★ 核は果肉と離れにくい

★★ 無数の穴
核

萼片は丸く花弁に密着し、反り返らない

★ 微細なシボ（凹み）光沢は弱い

アンズに近い豊後系などは丸く、薄く波打つ

表

古くから親しまれてきた外国種。

ウメ

バラ科　*Armeniaca mume*

外国産（中国）
主な人為拡散域：北海道中南部以南
雌雄同株・同花／花期：(1,)2-3月
果熟期：6月

葉の長さ 6〜15cm

単葉
単〜重鋸歯
互生

被子植物

落葉広葉中高木

赤色種
白くない
尾状

ほぼ無毛（豊後系は脈腋に毛）
うら

枝は斜上しやすい

樹高は普通5〜8m。樹高は高くても12mを超える程度だが、幹周は4mを超えるものがある。成長は遅く、日陰を嫌がる。庭木の女王であり、花は咲いて美しく芳香豊か、果実は毒にも薬にもなり、樹形は小柄で美しい。花は径約2.5〜3cmの薄桃色〜白色〜紅色。普通、一重のものがよく植えられるが、八重など品種が極めて多い。枝垂れる品種も含め、一年枝は冬も緑色。短枝が出やすく、その先は棘になることがある。削ると微かに甘い芳香がある。【似ている樹種：175 アンズ、176 スモモ】

果実は短毛がありさわさわしている

★ 鋸歯は低く細かい

★★ 核は果肉と離れやすい

★★ 核の表面は微細な模様があるが、滑らか

1〜数個の蜜腺

ほぼ無毛

花が開くと萼片は根元から反り返るものが多い

主脈と側脈は細い

★★ 幅は広いウメほど波打たず、やや厚い

表

葉の長さ7〜15 cm

果実は多少扁平で、核の表面は滑らか。

アンズ

バラ科　*Armeniaca vulgaris*

外国産（中国）
主な人為拡散域：北海道南部〜九州
雌雄同株・同花／花期：3-4月
果熟期：6-7月

単葉

単鋸歯

互生

うら

葉はウメよりも革質

★ 白くない

樹姿

　花はウメの散るころ、ソメイヨシノより早く咲き始めるところが多い。樹高は普通3〜6 m、東北地方や中部地方では大木が10 mを超える。樹皮はあまり剥がれず、若枝はウメのように全てが緑色になることはなく、着果枝は普通茶色〜茶緑色。識別には、まず地面に落ちた核を探す。新鮮な核の表面は滑らかで、ウメのような小穴がない。自家結実するが、1本では結実しづらく、特に暖地の都市では実つきが良くない。葉をもむと、鉄のスプーンをなめたような苦い香りがある。【似ている樹種：174 ウメ、176 スモモ】

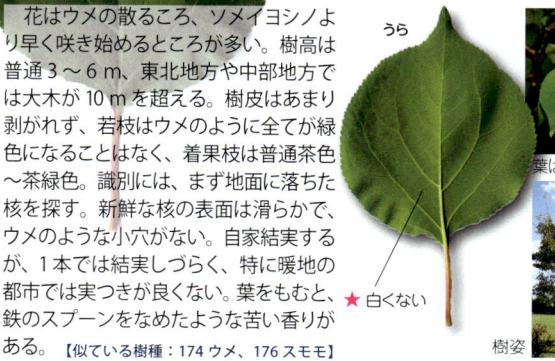

被子植物

落葉広葉中高木

赤く熟すスモモの品種

★ 丸く細かい単〜3重鋸歯

赤紫色に熟すスモモの品種

★ 核の表面は不規則
古い核は微孔が増える

葉身近くに1〜3、4個の蜜腺

スモモの品種ソルダムの花

くちばし状

★★ やや質厚、長倒卵形〜狭楕円形

葉の長さ 6〜15 cm

表

花は白〜桃色で、径約 2〜2.5 cm。

スモモ

バラ科　*Prunus salicina*

外国産（中国など）、日本産
主な人為拡散域：北海道〜九州
雌雄同株・同花／花期：4(,5) 月
果熟期：6-10 月

単葉
単〜重鋸歯
互生

被子植物

落葉広葉中高木

帯白色〜淡緑色、脈間の毛は少なめ（プルーンの系統は毛が多いものがある）

セイヨウスモモの品種

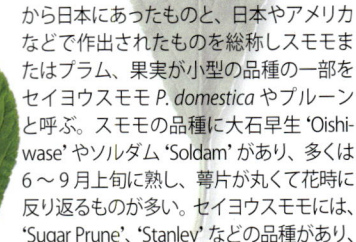

脈上と脈腋に晩落性の長毛

うら

樹冠は大きく広がる

樹高は 3〜8 m。中国原産または古来から日本にあったものと、日本やアメリカなどで作出されたものを総称しスモモまたはプラム、果実が小型の品種の一部をセイヨウスモモ *P. domestica* やプルーンと呼ぶ。スモモの品種に大石早生 'Oishi-wase' やソルダム 'Soldam' があり、多くは 6〜9月上旬に熟し、萼片が丸くて花時に反り返るものが多い。セイヨウスモモには、'Sugar Prune'、'Stanley' などの品種があり、葉が楕円形で、果実は果柄近くが強く凹まず、萼片が細く、花時にあまり反らない。

【似ている樹種：174 ウメ、175 アンズ】

液果

有毛、ときに帯赤色

葉身基部〜近くの葉柄に1〜5個の**蜜腺**

花は白色〜淡紅色 集まって咲き、きれい

萼の毛の多少は品種による、
萼筒は短いキャップ状、
萼片は花時に反り返るものが多い

★ 大柄な三角形の単〜3重鋸歯

質厚、長楕円形〜楕円形

表

葉の長さ 6〜20 cm

桜桃、さくらんぼ。佐藤錦やナポレオンなど品種が多い。

セイヨウミザクラ
(オウトウ、ヨウシュオウトウ)
バラ科　*Cerasus avium*

外国産（ヨーロッパ、西アジアなど）
主な人為拡散域：北海道〜関東
雌雄同株・同花／花期：3〜5月
果熟期：5〜7月

単葉
単〜重鋸歯
互生
被子植物
落葉広葉中高木

うら

白くない、毛の多少は変異がある

葉は互生

脈腋は膜状にならない

開花期の樹姿

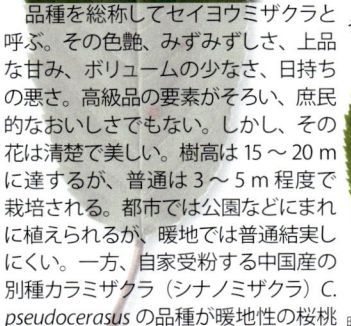

品種を総称してセイヨウミザクラと呼ぶ。その色艶、みずみずしさ、上品な甘み、ボリュームの少なさ、日持ちの悪さ。高級品の要素がそろい、庶民的なおいしさでもない。しかし、その花は清楚で美しい。樹高は15〜20 mに達するが、普通は3〜5 m程度で栽培される。都市では公園などにまれに植えられるが、暖地では普通結実しにくい。一方、自家受粉する中国産の別種カラミザクラ（シナノミザクラ） *C. pseudocerasus* の品種が暖地性の桜桃として流通し、西日本でも結実する。

177

花は一重で径約 1.5〜2 cm

液果は径約 8〜9 mm. 果柄に毛

毛が密
蜜腺

★★ 欠刻状 2, 3 重鋸歯 先は腺になり、やや とがる

萼筒は釣鐘形、萼裂片には鋸歯

涼しい都市などで、公園や庭にも植えられる。

ミヤマザクラ

バラ科　*Cerasus maximowiczii*

北海道〜近畿・四国・九州産
主な人為拡散域：北海道〜九州
雌雄同株・同花／花期：4-5 月
果熟期：6-7(,8) 月

単葉
重鋸歯
互生

被子植物

落葉広葉高木

表
脈上に毛、脈間にも硬い短毛

葉の長さ 5〜10 cm

淡緑色、脈上に毛が密

直立している総果穂に、小さな葉状の苞がつく

樹姿

うら
★ 丸いくさび形

各地の山地や温帯の里山などにみられる。東北地方など比較的涼しい都市では、公園や庭にも植えられる。花は白色で小さく、萼全体に褐色の毛があり、総状に立って咲く。開花は遅めで、オオヤマザクラより遅く、花は葉より後に開く。樹高は普通 4 〜 7 m、大きいものは 15 m 以上となる。下枝がよく残って、こんもりとした樹冠をつくる。果実はオオヤマザクラより 2 〜 3 週間あるいはさらに遅く、総状に立ったまま黒赤色に熟し、かなり苦い。

花は径約3〜4cm
若葉は赤い

満開のころ

基部は、やや
ハート形

★ 太くて無毛

1、2対の蜜腺

★ 2重〜単鋸歯
三角形で大きい

★★ 幅広く丸く
光沢にぶい、
両面無毛

表

葉の長さ
9〜17cm

東北地方などで、街路樹や公園樹として植えられる。

オオヤマザクラ

(エゾヤマザクラ、ベニヤマザクラ)
バラ科　*Cerasus sargentii*

北海道〜四国産
主な人為拡散域：北海道〜四国
雌雄同株・同花／花期：4-5月
果熟期：6月

単葉
重〜単鋸歯
互生

冬芽は次第に粘る。樹高は普通8〜12m、大きなものは中部地方以北にあって20mを超す。平野部では、おもに東北地方など温帯の街路樹や公園樹としてよく植えられている。花はピンク色の一重で大きく、無毛。萼裂片は長楕円形で鋸歯がない。葉より、わずかに早く開き、ピンク色で樹冠がいっぱいになる。葉は、はじめヤマザクラのように赤みを帯び、少し暗い。黒熟した果実は、かなり苦くて普通の人間は飲み込みにくい。

液果は大きくてうれしいが不味い

うら

脈腋は膜状にならない

樹姿

被子植物

落葉広葉高木

179

ヤマザクラとオオシマザクラの雑種

★ 単～2、3重鋸歯、先は短いノギ状

花は径約3〜4cm
新葉は赤い

萼筒は長い釣鐘形で赤紫色を帯び、萼裂片は長楕円形で鋸歯はほとんどない

★★ 無毛で光沢、赤みを帯びることが多い

葉柄上部に普通2個の小さめの蜜腺

薄手の革質、密かに光沢

表

葉の長さ
10〜16 cm

花が清楚で美しい典型的なサクラ。

ヤマザクラ

バラ科　*Cerasus jamasakura*

自然分布：東北南部〜九州
主な人為拡散域：北海道中南部以南
雌雄同株・同花／花期：4-5月
果熟期：5-6(,7)月

単葉
単〜重鋸歯
互生

被子植物

落葉広葉高木

両面無毛、うらは帯白緑色

うら

液果と葉

開花期の樹姿

脈腋は膜状

　樹高は普通6〜15m、大木は25〜30mに育つ。花は、葉とともに咲く。サクラ類は、普通一本だけしかない雌しべを中央に抱き、多数の雄しべが取り囲み、社会の歪んだヒエラルキーを想像させる。新葉や萼などの付近が赤みを帯びる。葉をもんだときの匂いは弱く、日を置いてもわずかに香る程度。公園などではオオシマザクラとの種間雑種も混植され、その花や葉はヤマザクラに似ているが、花の萼裂片に鋸歯があり、葉は展開時以外は普通赤みを帯びない。【似ている樹種：181 カスミザクラ】

液果

鋭いノコギリ状の重鋸歯

立毛が密

葉柄上部に**蜜腺**

萼裂片は先端が丸く無毛、花柄に短い立毛

花は径約2.5〜3.5cmの一重

大判形の卵形、幅広い

表

葉の長さ9〜15cm

うら

脈上に立毛がはじめ密のち疎、白くない

花は白色で葉と同時に咲き、ヤマザクラに似る。

カスミザクラ
（ケヤマザクラ）
バラ科　*Cerasus leveilleana*

北海道〜四国、九州の一部産
主な人為拡散域：北海道〜九州
雌雄同株・同花／花期：4-5月
果熟期：6(,7)月

単葉／重鋸歯／互生

被子植物

落葉広葉高木

樹姿

満開の樹姿

樹高は公園などで普通5〜10m。大きいものは中部地方以北に多く、20mを超える。花はほぼ白色で、葉と同時に咲いてヤマザクラに似ており、街路樹などでは混同されることもある。ヤマザクラより花期が遅く、果熟期はさらに遅く、花柄や葉柄などに毛がある。葉をもむと青臭い芳香がある。実つきがよく、黒熟すると少し苦いものの甘みを感じ、オオヤマザクラよりはおいしい。名は、霞むように近寄り難い場所に咲くことから。美しさは喩えがたい。　【似ている樹種：180 ヤマザクラ】

品種イトザクラ　品種イトザクラの枝振り

品種イトザクラ の紅黄葉

細かい鋸歯

★★ 毛が多い

径約 1.5〜2.5 cm
萼筒は鼓形で有毛

★★ 枝垂枝、若枝の葉は細い

やや厚く、弱い光沢

表

葉の長さ
4〜17 cm

枝垂れる品種をイトザクラ（シダレザクラ）と呼ぶ。

エドヒガン
（ヒガンザクラ、アズマヒガン）

バラ科 *Cerasus spachiana* f. *ascendens*

東北中北部〜九州産
主な人為拡散域：北海道南部以南
雌雄同株・同花／花期：3–5月
果熟期：6月

単葉／重鋸-単鋸歯／互生

被子植物

脈上などに長毛

うら

液果

くさび形

若い木の樹姿

落葉広葉高木

サクラ類では、ヤマザクラとならび長命。都市では、高さ 5〜10 m 程度のものが公園や庭などでみられる。大木は全国の社寺などにあり、30 m になる。暖温帯の暑くない地方のほうが長命である。花はソメイヨシノより一足早く、葉より先に咲く。葉の芳香は弱い。普通、枝は大きく枝垂れることはない。枝が枝垂れる品種イトザクラ (シダレザクラ、シダレエドヒガン) f. *spachiana* が命名時の基準になっており、これに形態が近い品種群が庭や公園などで多く使われる。

花は一重のみ　径約4〜5.5cmと大きく無毛、萼筒は筒形、萼片は長い

花のころ、葉が少し出る

★無毛、淡緑色、ときに帯赤緑色

★★鋸歯は細長いノギ状、ばらばらの方向を向く

葉身近くに大きめの**蜜腺**

表

葉の長さ
9〜21 cm

花は大型。一重で芳香があり、無毛。

オオシマザクラ

バラ科　*Cerasus speciosa*

関東南部〜東海・伊豆諸島産
主な人為拡散域：北海道南部以南
雌雄同株・同花／花期：3-4月
果熟期：5-6月

単葉

重〜単鋸歯

互生

うら

両面無毛、幅広く、短冊状卵形

液果は約10〜13 mmと大きい

脈腋は膜状

満開の樹姿

全国の公園や学校、街路などに植えられる。樹高は普通5〜8 m、大きなものは伊豆諸島に多く、15 mを超える。萼裂片は長くて鋸歯がある。花は葉と同時か少し早く開き、樹冠全体が黄緑色に。ソメイヨシノよりさらに春めいたころ咲く大花の品種群はこの系統で、野外の読書に桜のしおりが舞う。新葉は緑色で、赤くならない。葉の塩漬けが桜餅に使われる。生の葉にも芳香があり、押し葉にして日を置くと強まる。果実は、たわわに黒く熟す。比較的苦みが薄く、甘酸っぱくておいしい。

被子植物

落葉広葉高木

萼片

萼筒

萼は全体有毛、萼筒はくびれた釣鐘形、萼片に鋸歯がある

花は短枝では集まって咲く

★ 鋭い重鋸歯、ノギ状ではない

葉身近くの葉柄または葉身に大きめの蜜腺

★★ 無毛の葉もあるが、有毛の葉が必ずある

表

多くはクローンで、いっせいに開花する。

ソメイヨシノ

バラ科　*Cerasus* × *yedoensis*

栽培品種
主な人為拡散域：北海道中部以南
雌雄同株・同花／花期：3-4月
果熟期：5-6月

単葉／重〜単鋸歯／互生／被子植物／落葉広葉中高木

夏の樹姿

開花期の樹姿

うら

毛は少ない、脈腋などに残るか無毛

脈腋は膜状

葉の長さ 7〜15 cm

エドヒガンまたはその品種を母とし、オオシマザクラとの人工あるいは自然交配種とされる説が有力である。東北地方以南の都市でよく結実する。樹高は普通 6〜8 m のものが多く、大きなものは約 20 m になる。接ぎ木繁殖の弱点や、厳しい生育環境などによって寿命が短い。多くがクローンで、人間のエゴが咲いたような桜だが、近年になって開発が進んでいる四季咲きザクラの違和感に比べたら自然に感じる。果実は黒く熟しみずみずしい。思わず口に

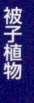

入れると、ずいぶん苦いが微かに甘い。生葉の芳香は強くなく、落葉は日がたつと変色してもよい香りがする。枝を削ると、香ばしく匂う。

壮齢木の幹は、凹凸が激しい

満開の古木

葉

紅葉　表

蜜腺

花は一重　径約3〜4.3 cm

大人になりかけた若い**液果**

黒熟した**液果**　果柄には毛が残る

被子植物

落葉広葉中高木

185

★★ 細くとがる重鋸歯、ばらばらの方向を向く

葉化した雌しべ
常に葉化するわけではない

萼は全体無毛、萼片に鋸歯はなく、花弁を抱えるように湾曲

広いくさび形で、葉柄に沿う

葉身近くに小さめの蜜腺

花はピンクの八重で、多く咲く

★ 葉柄は無毛、淡緑色、ときに帯赤緑色

最も一般的なサトザクラの一つ。

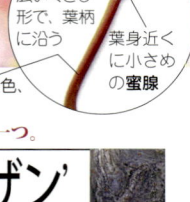

サトザクラ'カンザン'

バラ科 *Cerasus lannesiana* 'Sekiyama'

栽培品種
主な人為拡散域：北海道中部〜九州
結実しない／花期：4(,5)月
果熟期：×

単葉
重鋸歯
互生

被子植物

落葉広葉中高木

花は葉とほぼ同時に開く

両面無毛、幅広い倒卵形〜楕円形

表

葉の長さ
12〜18 cm

うら

脈腋は膜状

開花期の樹姿

基準標本がオオシマザクラの品種とされていることから、一般にオオシマザクラ系の園芸品種をサトザクラと総称する。また都市で咲いている八重桜を便宜的に里桜と呼ぶこともある。カンザン（関山）は、各地で八重桜あるいは里桜と呼ばれ親しまれている。枝は太くて荒々しい。樹高は6〜10 m内外。花は桃色の八重で、ソメイヨシノより遅く、葉とほぼ同時に咲き、豪華でやわらかい。雌しべが1〜2本あるが、葉化しやすく、結実しない。葉には、日を置くと強くなる芳香がある。

花弁は細く、20枚以下

萼は有毛、萼筒は壺形、萼片は三角形

花は八重の白〜淡桃色

別品種 'コブクザクラ'
花弁は20枚以上　萼は有毛、萼筒は釣鐘形、萼片は菱形

冬になっても咲くため、寒桜や冬桜と混同される。

'ジュウガツザクラ'

バラ科　*Cerasus* 'Autumnalis'

栽培品種
主な人為拡散域：北海道南部〜九州
雌雄同株・同花／花期：10-4(,5)月
果熟期：(12-6)月

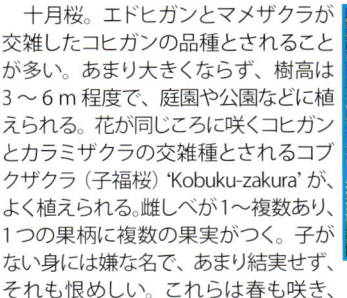

単葉

重ね単鋸歯

互生

被子植物

落葉広葉中木

　十月桜。エドヒガンとマメザクラが交雑したコヒガンの品種とされることが多い。あまり大きくならず、樹高は3〜6m程度で、庭園や公園などに植えられる。花が同じころに咲くコヒガンとカラミザクラの交雑種とされるコブクザクラ (子福桜) 'Kobuku-zakura' が、よく植えられる。雌しべが1〜複数あり、1つの果柄に複数の果実がつく。子がない身には嫌な名で、あまり結実せず、それも恨めしい。これらは春も咲き、また晩秋から冬にかけ、北風に耐える人生のように小さな花を点々と開く。

別品種 'コブクザクラ'

花はひっそりと冬中咲く (満開)

187

核果はたくさん実る

花は一重で短い柄があり、雄しべが長い

上面は有毛ときに無毛

熟しても果実の先端はとがる

★ 三角形の細かい 単〜3重鋸歯

学名はジャポニカだが中国産。

ニワウメ

バラ科　*Cerasus japonica*

外国産（中国など）
主な人為拡散域：北海道中部以南
雌雄同株・同花／花期：3-4月
果熟期：6-7(,8)月

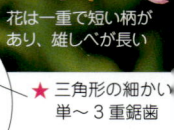

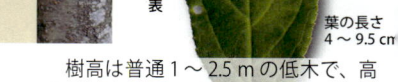

縁は波打つ

★ 両面に毛は少ない

表

葉の長さ
4〜9.5 cm

単葉／単〜重鋸歯／互生

被子植物

落葉広葉中低木

★★ さわさわしない

葉は互生

樹姿

うら

樹高は普通1〜2.5 mの低木で、高くても3〜4 m。花は一重の淡紅色で短い柄があり、雄しべが長い。果実はユスラウメによく似るけれど、熟しはじめても先端がとがる。梅雨ごろ、ユスラウメにかなり遅れて赤〜暗紅色に熟す。味はサクランボに似ておいしくて、少し皮が厚い舌触りがある。枝を削ると、香ばしいが甘い匂いがある。別種ニワザクラ *C. glandulosa* はニワウメに似ているが、葉がやや細くて横断面がくの字に湾曲しやすく、花は普通八重で結実しない。

【似ている樹種：189 ユスラウメ】

1～3対の**蜜腺**

全体に短毛が密

脈上の毛は密

葉は互生、光沢は弱い

核果は径1cmを越え、先端は凹む

花は普通白く、花弁基部が細くてすき間が目立つ

背の丸い三角形の単～2重鋸歯

縁はうらへ巻く

光沢はない

表

葉の長さ 4.5～7.5cm

葉や果実は密について風に揺すらぐ。

ユスラウメ

バラ科　*Cerasus tomentosa*

外国産（中国）
主な人為拡散域：北海道中北部～九州
雌雄同株・同花／花期：4月
果熟期：(5,)6月

単葉

単～重鋸歯

互生

被子植物

落葉広葉中低木

庭、公園や街路に植えられている。樹高は普通1.5～5m程度。幹はあまり太くならず頼りない。花は一重の白色ときに淡い紅を引き、柄が極めて短く、雄しべは長くない。果実は初夏、透明感のある赤色に熟す。おいしいが、熟すとともに鳥に先に食べられてしまい、積年の恨みがある。果柄はごく短く、若い果実はニワウメほどとがらず、熟すころ、むしろ先端は凹む。果実が白く熟す品種がある。一年枝は茶褐色で、淡色の短毛が密生しているのが老眼でも見え、手触りがやさしい。【似ている樹種：188 ニワウメ】

★★両面に短毛、さわさわした感触

尾状

うら

夏の樹姿

開花期の樹姿

189

★★ 短い針棒状の鋸歯

別種マルメロ 花弁は太く淡桃色

果皮は無毛

種子の表面は短毛のようなビロード状

縮毛、鋸歯の痕跡がある

花弁は細身の濃桃色

★ 端正な楕円形

主脈に長毛

表

葉の長さ 6～12 cm

実は甘くさく鼻につくユリに似た芳香が強い。

カリン
（カラナシ、キボケ）
バラ科　*Chaenomeles sinensis*

外国産（中国）
主な人為拡散域：北海道中南部～九州
雌雄同株・同花／花期：(3,)4-5月
果熟期：(9–)11–12月

単葉
単鋸歯
互生

被子植物

落葉広葉高木

主脈中央を除き、毛が散生

葉は互生し、丸みがある

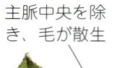

樹姿

うら

樹高約5～7m、高くても10m程度。主幹は真っ直ぐだが樹形は乱れやすい。夏から秋、枝の太さとは不釣りあいに大きな、ボケか洋梨にも似た果実をつけ、晩秋に黄色く熟す。果皮はペトリとした感触で油っぽい。布で包み懐に隠しても芳香は漂い、香りは洗濯しても消えない。机に置けば、いつまでも艶めかしく香る。別種マルメロ *Cydonia oblonga* は西～中央アジア原産で、東北地方～九州の庭などに植えられ、葉は全縁、果実に晩落性の毛が密生する。

桃白色の花

鋸歯は丸いが、指先に鋭く感じる

赤花

別種クサボケの花

やや厚く、両面次第に無毛

表

★★
丸い1対の托葉(クサボケにはない)

葉の長さ 5〜9cm

葉柄に葉身が沿う

花も実もあるかわいらしさ。そして棘が多い。

ボケ

バラ科　*Chaenomeles speciosa*

外国産(中国)
主な人為拡散域：北海道中部以南
雌雄同株・同花または異花
花期：3-4月／果熟期：9-10月

単葉
単〜重鋸歯
互生

樹高は約1〜3m。幹は叢生し小さくまとまって、花は葉より少し早く開き、花弁の色は赤色〜白色、斑入りなどの品種が多い。小枝の棘は鋭くてよく刺さり、気軽に突き刺さってはいけない。果実は無毛で表面には白点が散らばり、秋、黄色く熟す。果柄が短いため、果実が太るとともに着果枝にめり込む感じになり、枝に直接ついているように見える。別種クサボケ（シドミ）*C. japonica* は日本在来の落葉低木で、朱色の花が咲く。ボケよりも小さく、枝は細く、同様に棘がある。

短くとがる

緑白色

うら

若い梨状果　丸い托葉が目立つ

開花期の樹姿

被子植物

落葉広葉中低木

191

梨状果

幼い梨状果　毛深い

暖かい日には、花にハナアブ類などが集まる

葉柄は短くて極太、全体に毛が密

★★ 厚く、側脈ごとに著しく凸凹波形

乾燥した感触

晩秋から冬、淡黄白色の花が咲く。

ビワ

バラ科　*Eriobotrya japonica*

外国産（中国）
主な人為拡散域：東北中北部以南
雌雄同株・同花／花期：11–1(,2)月
果熟期：5–6月

単葉
単鋸歯
互生

被子植物

常緑広葉中高木

表

葉の長さ
16〜30 cm

★ 茶黄色の軟縮毛が密生

葉は大型で互生

樹姿

うら

常緑樹。庭や公園、街路樹の植栽桝など、いたるところに植えられ、樹高は普通3〜5 m、ときに10 m以上になる。大枝は太く、横に強く張り、力強い大きな樹冠をつくる。葉の表面をのぞき、葉うらや花、枝、果実など全体に毛が多くてうらやましい。葉には毒がある。花は淡黄白色の円錐状花序で、一見するときれいではないが美しく、晩秋から冬にかけ、枝頂部近くの葉脇に多数つく。ツバキ類などとともに、この時期に咲く希少な花である。

★★ 比較的短く、蜜腺がない

葉は、にぶく柔らかい光沢がある

鋸歯は低く、先端は濃色の**腺点**となる

字は書けるが読みづらい

若い蕾

★★ 厚く柔らかく、にぶい光沢

表

主脈基半は淡色

葉の長さ
10〜16 cm

都市では主に低木や生垣として植栽される。

セイヨウバクチノキ

バラ科　*Laurocerasus officinalis*

外国産（東南ヨーロッパ、西アジア）
主な人為拡散域：東北南部以南
雌雄同株・同花／花期：4–5月
果熟期：7–8月

単葉 / 単鋸歯 / 互生

被子植物

常緑広葉中低木

樹高は概ね2〜6m。幹は黒々として斜上し、大枝は横に張りやすく、老木では地に横たわるものもある。葉のうらに硬いもので字を書くと、やがて明るい茶色になり浮き出すが、タラヨウのように短時間で色は変わらず、はじめ読みづらい。葉をもむと、トマトの皮の青臭さにシンナーなどの甘い匂いを混ぜたような、不思議な匂いがある。別種バクチノキ *L. zippeliana* は日本産で関東以西、特に西日本の暖地に分布する。葉はセイヨウバクチノキと似るが、葉柄上部に蜜腺がある。【似ている樹種：240 タラヨウ】

鋭くとがる

うら　淡黄緑色

生垣

樹冠

蕾 花柄が長い

細かく低い単鋸歯

若い梨状果 小さいものが多く、先端に萼裂片が残らない

狭いくさび形

淡桃色の八重咲きなど、品種がある

★★
葉身に続く谷折りの溝、疎らに軟毛

くちばし状に長い

細身の楕円形 光沢はない

表

葉の長さ 4〜12cm

単葉 / 単鋸歯 / 互生

花は美しく、普通八重のものが多い。

ハナカイドウ
（ナンキンカイドウ）
バラ科 *Malus halliana*

外国産(中国)および栽培品種
主な人為拡散域：東北以南
雌雄同株・同花／花期：(3,)4-5月
果熟期：(9,)10-11月

被子植物 / 落葉広葉中木

葉は互生

うら

★ 若干の光沢、ほぼ無毛

比較的大きな木の樹姿

樹高は通常2〜4m、大きいものは約8mになり、下枝から樹冠頂部にいたるまで咲き抜く満開の様子は圧巻である。花柄が長く、高貴な美しさがある。結実は多くない。別種ミカイドウ(ナガサキリンゴ、カイドウ)*M. micromalus* は同程度の樹高で、果実の多くは垂れず、先端に萼裂片が残る。花は一重で花柄が短く、上を向いて咲く。このほか花が一重で果実の小さい局所的な自生種にノカイドウ（ヤマカイドウ）*M. spontanea* などがあるが、植栽はまれ。【似ている樹種：195 ヒメリンゴ】

両辺がやや湾曲した低い鋸歯

若い梨状果
先端に萼裂片が残る

★★
狭いくさび状にならず、丸い

白〜淡紅色の一重で可憐、花弁や萼、花柄に軟毛

やや色づいたころの梨状果

多少とも有毛
上面は浅広の溝

★若木など2、3裂するものがある

表

葉の長さ
6〜18cm

公園や街路、庭に植えられ、盆栽などの流通も多い。

ヒメリンゴ
(イヌリンゴ)
バラ科　*Malus prunifolia*

外国産(中国)
主な人為拡散域：北海道中部〜九州
雌雄同株・同花／花期：4-5(,6)月
果熟期：10-12月

単葉

単・重鋸歯

互生

樹高は普通2〜6m。果実は長い柄があり、垂れ下がって先端は下を向く。秋の気配とともに色づきはじめ、晩秋に赤色、初冬には深紅紫色に熟し、まずい。鳥たちもすぐ食べず厳冬期まで残し、ほかに実がなくなるころに食べる。それでもまだ、まずい。渋みとエグみ、大きな果肉粒を舌に感じ、不愉快。葉をもんでもリンゴの香りはしない。別種セイヨウリンゴ紅玉の品種またはヒメリンゴとの雑種の食用リンゴを、俗に姫リンゴと呼ぶことがある。

両面の光沢は弱い

葉

うら

帯白色、脈の毛は密〜無毛まで

11月　黄葉は遅い

被子植物

落葉広葉中高木

【似ている樹種：194 ミカイドウ】

梨状果

種子

★ 葉縁は波打ち、単〜4重鋸歯で細かい

毛が密生

ニュートンのリンゴの花
（小石川植物園）

広楕円形〜卵状楕円形

直線状にとがる

表

葉の長さ
5〜12cm

日本ではミカンとともに代表的な栽培果樹。

セイヨウリンゴ
（リンゴ）
バラ科　*Malus pumila*

外国産（ヨーロッパ〜西アジアなど）
主な人為拡散域：北海道中部〜九州
雌雄同株・同花／花期：4-5(,6)月
果熟期：(7,)8-11月

単葉
単〜重鋸歯
互生

被子植物

落葉広葉中高木

うら

葉は毛が多い

★★
淡緑色〜白色、毛が密に残り、さわさわした感触

樹姿

品種が多い。都市ではヒメリンゴがよく植えられるが、セイヨウリンゴは少ない。リンゴは何もいわないけれど、熱帯夜に弱く、土壌が乾燥して固結する都市環境には適さない。自家受粉する矮性の品種が一般用に流通し、品種によって環境がよければ大都会でも結実してえらい。樹高は15mを超えるというが、普通は3〜5m程度以下になるよう台木改良され、放任しても6〜7m程度。花は甘酸っぱく、葉をもむとリンゴの皮の匂いがある。

【似ている樹種：197 ナシ、190 マルメロ】

原種ヤマナシの種子

雌しべは5本、葯は紫がかったピンク色

果実の先は凹む

★ 鋭いノギ状の鋸歯

花は無機質で豊満　枝先に集まって咲く

★★ 卵形〜丸いスペード形、やや革質

肉眼では毛が目立たない

表

葉の長さ 9〜20 cm

栽培地のほか、都市では庭などに植える。

ナシ
（ニホンナシ、ワナシ）
バラ科　*Pyrus pyrifolia* var. *culta*

栽培品種
主な人為拡散域：北海道中部以南
雌雄同株・同花／花期：4(,5) 月
果熟期：(7,)8–10 月

単葉
単鋸歯
互生

　樹高は普通2〜5 m、高いものは15 m。古い時代の帰化あるいは自生と考えられているヤマナシ var. *pyrifolia* などをもとに、古来、改良されてきた品種群と考えられている。ヤマナシは樹高20 mを超す大木になる。春、白く豊満な花が開き、ピンク色の雄しべ、原色に近い黄緑色の萼や新芽など、パンフラワーにも似た人工美とも感じられるような質感が美しい。葉は肉眼では毛が目立たず、もむとナシの果皮の匂いがある。【似ている樹種：196 セイヨウリンゴ】

くちばし状にとがる

原種ヤマナシの果実

うら

主脈基部脇などに縮長毛

樹姿

被子植物

落葉広葉中高木

197

最初の鋸歯が蜜腺、やや不明瞭

無毛

たくさんの小さな花が咲く

果序の下部に葉はつかない

★ 葉うらは網脈が目立ち、光沢がある

黄葉

花弁は白くて小さく雄しべは花弁より長い

★★ 細かい単鋸歯、鋭い三角形でノギ状にならない

表

屋敷林や雑木林に生育するが、植栽されることは少ない。

イヌザクラ
（シロザクラ）
バラ科　*Padus buergeriana*

単葉
単鋸歯
互生

東北〜九州産
主な人為拡散域：東北〜九州
雌雄同株・同花／花期：4-5月
果熟期：6月

葉の長さ 6〜14cm

被子植物

落葉広葉高木

葉は蝋紙のように手に馴染む感触がある

うら

樹冠

★ くさび形で葉柄に沿う

　樹高は普通8〜15m、高いものは20mを超す。緑葉にも紅葉にもサクラらしい芳香は特になく、むしろ青臭い。ところが、気に入った本に挟んでおくとやがて良い香りがし、20年以上経っても消えない。ウワミズザクラやシウリザクラと違い、花序の基部に葉をつけない。枝を削るとセメダインとサロメチールを混合したような、甘く青い芳香がある。別種シウリザクラ *P. ssiori* は山地に自生し、イヌザクラと異なり花序の下に葉をつけ、葉は幅広で大きく、葉身基部は丸いかハート形に凹む。【似ている樹種：199 ウワミズザクラ】

花序の下部に数枚の葉がつく

★★ ノギ状の鋸歯

残った液果
果序の下から順に熟す

★★ くさび形ではなく丸い

★ 細く無毛

萼筒は三角状円錐形で大きい

花や果実に甘い香りがあり、塩漬けや果実酒にされる。

ウワミズザクラ

バラ科　*Padus grayana*

北海道南部〜九州産
主な人為拡散域：北海道中部〜九州
雌雄同株・同花／花期：(4,)5月
果熟期：(6,)7-8月

単葉
単・重鋸歯
互生

サクラ類としては小さめ

光沢弱く無毛

表

葉の長さ
6〜13 cm

うら

枝痕

冬芽の隣に枝痕がある

目立たない蜜腺

満開時の樹冠

被子植物

落葉広葉高木

各地の里山に自生し、公園や庭などにも植えられる。樹高は普通6〜10m、高いものは15mを超えて20mに達する。花は白くて小さく、1本の花序に多数が穂のように咲く。花や果実の甘い香りがよろこばれ、杏仁子(あんにんご)と呼んで塩漬けや果実酒にされる。酒は美酒とされ、熟し切らない実がよいらしい。果実は一度に全部が熟さず、いろいろな色彩が長い期間続き、楽しい。完熟果は、小鳥との競争である。葉柄の上面は、V字の溝となって恥ずかしそうに閉じる。

【似ている樹種：198 イヌザクラ、198 シウリザクラ】

葉は軍配形で小さめ

葉柄の腺点

★★ 葉柄上部または基部まで、鋸歯や腺点が入るものがある

冬季は葉柄や若い枝、冬芽が赤みを帯びる。

カナメモチ
(アカメモチ)
バラ科　*Photinia glabra*

東海〜九州産
主な人為拡散域：東北南部以南
雌雄同株・同花／花期：5-6月
果熟期：(10,)11-12月

単葉／単鋸歯／互生

被子植物

常緑広葉中高木

側脈は細いが目立つ

両面無毛

表

葉の長さ
8〜13cm

★★ 主脈を谷に折る軍配形

うら

春の紅色は早く消える

細かい単鋸歯

生垣

日本産。生垣などによく使われたが、他の樹木と同様に、群植しすぎることの弱さの一つで病害虫が多く、近年は少なくなっている。普通は樹高2〜3m、高くても10mを超える程度。春や秋、展開初期の葉が紅色を帯び、次第に緑色に変わり、最終的には紅色が消える。このことからアカメモチとも呼ばれ、セイヨウベニカナメモチと混同され、特に赤いものをベニカナメモチと呼ぶなどややこしい。扇の要に使ったというのは不明。

【似ている樹種：201 セイヨウベニカナメモチ】

どこかの葉が一年中赤い

梨状果は約5～8mm、赤い柄がある

鋸歯は葉柄に入らない
両面ほぼ無毛
くさび形
花序　昆虫が多く集まる

★★
幅広い楕円形、両面とも赤みを帯びる
表
細かく平行する側脈
葉の長さ6～17cm

カナメモチとオオカナメモチの雑種。北アメリカで作出。

セイヨウベニカナメモチ

バラ科　*Photinia glabra* × *P. serratifolia*

栽培品種
主な人為拡散域：東北中北部以南
雌雄同株・同花／花期：4-5月
果熟期：11-1月

単葉
単～重鋸歯
互生

細かい単～4重鋸歯
うら
新芽

葉は長期間赤い
生垣

　普通2～3m程度の生垣として植えられることが多く、高いものは7m以上になる。葉は春～夏ごろまで鮮やかな紅色をして美しく、この紅色は冬季まで多少とも残り、厳冬期にも枝先の葉が赤いものがある。しかし、いくつかの系統が存在し、5月後半までに赤色が薄れるものもあり、周辺環境や個体差もある。葉の大きさが同程度で、赤色の期間が長い園芸品種レッド・ロビン 'Red Robin' が極めて多用され、このほか葉が小さい品種などが流通している。

【似ている樹種：200 カナメモチ、202 オオカナメモチ】

被子植物
常緑広葉中低木

葉は枝先に集まる

終わりかけた花

梨状果の先端は穴にならない

はじめ毛があり早期に落ちる

両面ほぼ無毛

★★ 幅広い軍配形〜ひょうたん形で厚い

新葉は赤くならず、旧葉は落ちる前に赤くなる。

オオカナメモチ

バラ科　*Photinia serratifolia*

中国地方以西（局所的）産
主な人為拡散域：関東以西
雌雄同株・同花／花期：4-6月
果熟期：(10,)11-12(,1)月

単葉
単鋸歯
互生

被子植物

常緑広葉中高木

表

葉の長さ 12〜24cm

★ 両面とも細かい側脈が目立つ

うら

冬芽は赤い

樹姿

鋸歯は葉柄に入らない

基部は丸い

公園や庭園に植えられ、樹高は普通4〜6m。セイヨウベニカナメモチのように横枝を強く出して広がり、高いものは10mを超える。新葉は赤くなることはなく、旧葉は落ちる前に赤くなる。冬芽は赤く、若枝の葉痕や芽付近も若干赤い。果実は径約4〜6mmと小さく、冬になってから赤く熟す。葉はセイヨウベニカナメモチに似るが、かなり大きく、一見するとタラヨウに似る。セイヨウベニカナメモチを知っている人は、この葉を見るとオオと叫ぶ。

【似ている樹種：201 セイヨウベニカナメモチ、240 タラヨウ】

葉の光沢は弱く、一年枝は毛が密生

花は多数　萼や花柄に毛が密生

表
鋸歯は消失しがち
★★ 萼片痕に毛が密に残る
★★ 全面に柔縮毛　毛は成葉にも残る
梨状果は鮮橙〜黄橙色

梨状果
約5〜8mm

葉の長さ
3.5〜8.5cm

果実はミカンに近い色で、形も似ていなくもない。

タチバナモドキ
(ホソバノトキワサンザシ、ピラカンサ)
バラ科　*Pyracantha angustifolia*

外国産（中国）
主な人為拡散域：東北南部以南
雌雄同株・同花／花期：5-6月ほか
果熟期：(10)、11-2月

単葉
全縁〜単鋸歯
互生

幅0.8〜1.6cm程度

全体的に毛が多い

うら
生垣

　トキワサンザシ、ヒマラヤトキワサンザシとともに、ピラカンサと総称されている。樹高は普通1.5〜4m。果実の色、葉の形態などに変異があり、トキワサンザシとの中間と思われるものも認められる。果実は、名の通りミカン類に近い色で、形状としても似ており、しぶくまずい。扁平で、径5〜8mmくらい。先端の萼片痕に、毛が多く残る。花は萼片に綿毛が密にあり、花柄にも毛が密生する。葉をもんだ時、リンゴの皮のような弱い青臭さがある。

〔似ている樹種：204 トキワサンザシ、205 ヒマラヤトキワサンザシ〕

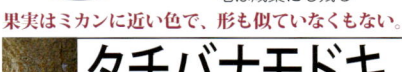

被子植物

常緑広葉中低木

花は白色／萼片付近に淡色の微毛

★★ 成葉は無毛

黄橙色実の品種

梨状果は普通深紅～紅橙色

萼片痕に微毛

成熟初期の
梨状果
約6～9mm

果実は扁平な球形で果柄が長く、先端に微毛。

★ 若葉は両面有毛

表

低い鋸歯

葉の長さ
3～10cm

トキワサンザシ
（ピラカンサ）
バラ科　*Pyracantha coccinea*

外国産（南ヨーロッパ、西アジア）
主な人為拡散域：東北以南
雌雄同株・同花／花期：5-6月
果熟期：10-2月

単葉
単鋸歯
互生

被子植物

常緑広葉中低木

葉と棘

★ 幅は1.5cm
以上、とき
に2.5cm

うら

ほぼ無毛

赤色実
の品種

総称ピラカンサ。樹高は普通1～3m。5m以上になる。よくみられるトキワサンザシの果実は赤く、大きい。これらはヒマラヤトキワサンザシとの雑種を含めた選抜育種の結果と考えられる。冬、鳥たちが喜んで食べるのは見て知っていた。リンゴのような甘い香りも感じられる。期待して口に入れると、果肉はボソボソとして味が悪い。渋みが強いものもある。種子が多く、これには明瞭な稜があり、舌にジャリジャリし、重ねて不愉快。しかし、中にはおいしいものがある。

【似ている樹種：203 タチバナモドキ、205 ヒマラヤトキワサンザシ】

花序とアシナガコガネの群

花とツマグロキンバエ

種子

萼片痕は目立たず無毛

梨状果は鮮紅色〜橙紅色

低い鋸歯

★若葉は両面に毛

表

梨状果
約6〜9(〜11)mm

低い鋸歯

葉の長さ
3〜8cm

葉は細めで、果実はトキワサンザシより大きく隆々とする。

ヒマラヤトキワサンザシ

(カザンデマリ、インドトキワサンザシ、ピラカンサ)
バラ科　*Pyracantha crenulata*

外国産(中南アジア)
主な人為拡散域：北海道南部以南
雌雄同株・同花／花期：5-6月
果熟期：10〜11月

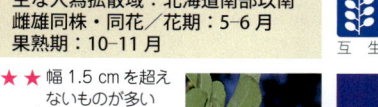

単葉

全縁〜鋸歯

互生

★★幅1.5cmを超えないものが多い

葉うら

うら

成葉は無毛　次第に無毛

枝振りと果序

被子植物

常緑広葉中低木

タチバナモドキ、トキワサンザシとともに、ピラカンサと総称されている。普通植えられているものはトキワサンザシとの種間雑種が多いと考えられ、葉幅や毛の濃さなどの変異がある。果実は秋、鮮紅色〜橙紅色に熟す。先端の萼片痕はほぼ無毛で目立たず、果柄は節などに微毛が残るか無毛。また、改良品種の果実は径11mm程になり、嬉しいくらい大きい。多数が互いに接し、重たそうにつく。おいしいと感じられるものが少なくないが、カメムシに吸われたものはまずい。

【似ている樹種：203 タチバナモドキ、204 トキワサンザシ】

萼より先を残し熟すものもある

梨状果
約 9〜12 mm

若い梨状果
時間をかけて熟す

花は枝の先に多数集まって咲く

質厚、形状の変異が大、中央は凹みがち

葉の長さ
4.5〜12 cm

表

果実はブルーベリーに似ているが、青臭い。

シャリンバイ
（マルバシャリンバイ、タチシャリンバイ）
バラ科 *Raphiolepis indica* var. *umbellata*

東北中部以南産
主な人為拡散域：東北以南
雌雄同株・同花／花期：4-6(-9)月
果熟期：11-1月

単葉
単〜全縁
互生

両面基部近くに縮れた褐色の毛、他は無毛

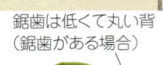

鋸歯は低くて丸い背
（鋸歯がある場合）

葉は枝先に車輪状につく

★★
淡緑色で、網脈は暗色

断面は扁平な
楕円状菱形

うら

低木の植込み

被子植物

常緑広葉中低木

都市の緑化では、葉幅が広くて丸く、低木として扱うものをマルバシャリンバイと呼び、葉幅が細く鋸歯の明瞭なものをタチシャリンバイと呼んできた。葉の形状や樹高、根の性状などに違いがある。こうした変異は連続的で、分類上はシャリンバイの種内変異として扱われている。樹高は普通1〜6mで、4m以下のものが多い。果実はブルーベリーに質感が似ているが、青臭くて口にする気になれない。鳥たちにも人気がない。でも密かに食べてみると、微かな甘みを感じないこともない。

花は径約1cm未満

果序

両面無毛

表

小葉は9～15（17）枚

無毛、上面に溝

葉の長さ18～35cm

★★
鋭い2、3重鋸歯

花は枝先に密につく

別種オウシュウナナカマド

単鋸歯または2重鋸歯

枝を削ると、杏仁豆腐のような恍惚な芳香。

ナナカマド
（エゾナナカマド）
バラ科　*Sorbus commixta*

北海道～九州産
主な人為拡散域：北海道～九州
雌雄同株・同花／花期：4,5-7月
果熟期：9-10月

奇数羽状
重鋸歯
互生

樹高は約3～6m、大きなものは10m以上。関東地方以西の暖地では少ないが、温帯の都市などでは街路や公園、庭などによく植えられ、枝から葉まで赤くなる紅葉が美しい。葉をもむとバラの花びらが腐ったような匂いがある。外国産の別種オウシュウナナカマド（セイヨウナナカマド）*S. aucuparia* は、小葉が小振りの小判形卵形～楕円形で、ほぼ単鋸歯。果実は少し大きくて赤橙色に熟し、関東でも公園などに植えられる。

うら

小葉柄は極めて短い

基部の小葉は小さい

紅葉

樹姿

被子植物

落葉広葉中高木

花序と葉（粉を吹いたように白い）

花は花粉症とは関係ない

葉は二回偶数羽状複葉
1個の腺体

脈は目立たない

羽片は短く、垂れない

★★

比較的新しい宅地の庭などに、よく植えられる。

ギンヨウアカシア

マメ科　*Acacia baileyana*

外国産（オーストラリア）
主な人為拡散域：関東以西
雌雄同株・同花／花期：(1,)2-3(,4)月
果熟期：10月

偶数羽状
全縁
互生
被子植物
常緑広葉中低木

小葉片の長さ
3〜6mm

老木の幹

うら

樹姿

★ 小葉片は25対以下
普通15対前後

ミモザ3種の一つ。普通は樹高2〜4m程度、大きいものは10m。花はブタクサ花粉症を連想するが、セイタカアワダチソウと同様に害はない。葉の両面が白色を帯び、みずみずしさを感じさせない。別種フサアカシア *A. dealbata* は、ギンヨウアカシアより古い世代に好まれ、小葉はやや大きく1羽片に30〜40対、ギンヨウアカシアほど白色を帯びない。別種モリシマアカシアは治山または公園などに植栽され、小葉が小さく、約30〜60対と多い。

【似ている樹種：209 モリシマアカシア】

種子
若い豆果
豆果
表
短毛が密

★★ 葉は二回偶数羽状複葉 羽片は柔らかく垂れる
1〜3個の腺体

小葉片の長さ 2〜3.5mm

葉の柔らかい雰囲気が美しい。

モリシマアカシア

マメ科　*Acacia mearnsii*

外国産（オーストラリア）
主な人為拡散域：関東中部以西
雌雄同株・同花／花期：(4,)5-6月
果熟期：7-9月

偶数羽状
全緑
互生

一見すると爽やかでメタセコイアにも似るが、常緑樹である。下枝がよく残り、楕円形の樹冠をつくる。葉の柔らかい雰囲気が美しい。葉を切り取ると、短時間で就眠運動を起こす。花はフサアカシアに似ているが、クリーム色。樹高は普通6〜12m、高くなると15m以上になる。九州などで治山に大量が植栽され、都市の公園などでも無計画に植えられていることがあるが、特に暖地では繁殖力が強く、侵略性のある外来種として扱われている。

うら
花はクリーム色
★ 小葉片は 30〜60 対前後
毛が密 帯白色
樹姿

被子植物
常緑広葉高木

【似ている樹種：30 メタセコイア、208 ギンヨウアカシア、213 ネムノキ、208 フサアカシア】

花

今川焼を小さくしたような種子

豆果内部はツーンとする青臭さ

若い豆果 熟しても色はあまり変わらず、中には種子が50個ほど

鮮やかな黄色い花序

長めの腺 / 上面に皿形の溝

★★ 先端の小葉が大きい

表

★★ 偶数羽状複葉 4〜8枚の小葉

葉の長さ 10〜15cm

関東でも、温暖化が進みよく成長するように。

ハナセンナ

マメ科　*Senna corymbosa*

偶数羽状
全縁
互生

外国産（南アメリカ）
主な人為拡散域：関東以西
雌雄同株・同花／花期：(6–)9–11(,12) 月
果熟期：12–2(–4) 月

直線状に長い

うら

葉は偶数羽状複葉で互生

樹姿

被子植物

半常緑広葉中低木

　樹高は普通1.5〜4mで、残暑のころから鮮やかな黄色の花が多数咲き、街の新しい景観を作っている。葉は小葉が少なめの偶数羽状複葉で、花色とともに特徴的である。枝先は他愛もなく、はねたり垂れ下がったり、樹形は少し乱れて暴れやすく、小さな空間では次第に手に余る。別種コバノセンナ *S. pendula* は、さらにツル性が強く、より暖地に植えられ、その葉は小判のように先端が丸い。これらを便宜的に花センナと呼ぶこともある。

葉は夜、よく眠る

★二回偶数羽状複葉

表（小葉）

両性花 ピンク色は多数の雄しべ、長い白色は雌しべ

★★小葉片はナタ刃形、主脈が前縁に寄る

葉軸は両面に稜があり有毛

小葉片の長さ 7〜15 mm

斜面下部などの明るい適湿地を好む。

ネムノキ

マメ科　*Albizia julibrissin*

本州以南産
主な人為拡散域：北海道中南部以南
雌雄同株・同花または雄花
花期：6-8,(9)月／果熟期：10-11月

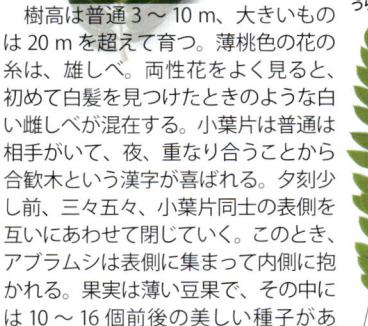

偶数羽状 / 全縁 / 互生

うら（小葉）

樹高は普通3〜10 m、大きいものは20 mを超えて育つ。薄桃色の花の糸は、雄しべ。両性花をよく見ると、初めて白髪を見つけたときのような白い雌しべが混在する。小葉片は普通は相手がいて、夜、重なり合うことから合歓木という漢字が喜ばれる。夕刻少し前、三々五々、小葉片同士の表側を互いにあわせて閉じていく。このとき、アブラムシは表側に集まって内側に抱かれる。果実は薄い豆果で、その中には10〜16個前後の美しい種子がある。

【似ている樹種：209 モリシマアカシア】

★小葉片は20〜35対前後

豆果は扁平で左右がほぼ対称

花と蕾

枝は盃状に広がる

被子植物

落葉広葉高木

211

長く伸びる花序

花は筒状で細い

一対の腺

葉はクズの葉に似る

★★ 菱形の卵形

★ 三出複葉 両面無毛

アメリカデイコの雑種で、耐寒性は低い。

サンゴシトウ

マメ科　*Erythrina × bidwillii*

栽培品種
主な人為拡散域：関東中部以西
雌雄同株・同花／花期：6-9(-11)月
果熟期：8-10(,11)月

三出複葉
全縁
互生

被子植物

落葉広葉中木

表

頂小葉の長さ 6～12 cm

うら

くちばし状に長い

葉は若干薄い

棘の有無は変異が多い

寒さに弱く関東以北では梢端が残りにくい

　アメリカデイコの雑種。学名にその名が残る若きボタニスト J.C.Bidwill が、シドニー植物園で人工的に作出したものという。樹高は 4～6m 以上になるが、耐寒性はアメリカデイコほどはなく、東京以北では枝が枯れやすく、樹高は低い。花はアメリカデイコと同色またはやや赤みが強く、旗弁はへら形～筒形で、アメリカデイコのような扇形に開かない。葉をもむと、干し草のようなサヤエンドウのような、マメ科草本に近い匂いがある。【似ている樹種】213 アメリカデイコ

種子はマーブル模様

花と蕾

丸みがある品種の葉

三出複葉
両面無毛

棘
一対の腺

花は大きく開く

★★ 丸い卵形

頂小葉の長さ
10～15 cm

表

春の芽出しは遅く、夏、鮮赤色の蝶形花が咲く。

アメリカデイコ

マメ科　*Erythrina crista-galli*

外国産(南アメリカ)
主な人為拡散域：関東以西
雌雄同株・同花／花期：6-9(,10)月
果熟期：7-10月

三出複葉

全縁

互生

被子植物

落葉広葉中高木

うら

直線状～
くちばし状

葉が細い品種
棘が多い

樹姿

主幹が分岐しやすく、大枝が横に伸びて大きな樹冠をつくる。乾燥や潮風、病害虫に強く、樹皮はイチョウのように温かみがある。樹高は普通3～6m、大きいものは10mを超す。葉をもむと干し草のような、マメ科草本に近い匂いがある。アメリカデイコとして植栽されるものには、小葉の細いもの(狭卵形)と丸いもの(広卵形)、その中間の形質があり、狭卵形は棘がよく発達し、広卵形は棘が小さい。また老木の葉は丸くて棘が少なく、人間も見習うとよい。さらに、小葉の細いものをホソバデイコ(別名カイコウズ)、特に丸いものをその品種マルバデイコ 'Maruba-deigo' として区別する。マルバデイコは小葉が小さく低木性で耐寒性に欠け、棘が少なく花托が筒状。これは街路樹や公園などに使われる小葉が丸いアメリカデイコとは異なる。

【似ている樹種：212 サンゴシトウ】

若い豆果　太く黒く熟す

花は葉よりわずかに早く咲く

片方の側縁に縁取り

豆果

花柄は、花の長さと同長かより短い

葉は互生

★★ 丸いハート形、質厚、ほぼ無毛

表

春、桃色の蝶形花をたくさんつける。

ハナズオウ

マメ科　*Cercis chinensis*

外国産（中国）
主な人為拡散域：北海道〜九州
雌雄同株・同花／花期：4-5月
果熟期：9-11月

単葉／全縁／互生

被子植物

落葉広葉中木

脈は、表は凹み、うらへ強く突出

葉の長さ7〜13cm

主脈腋に毛

うら

たくさんの豆果がぶら下がる

★ キャップ状の短く太い柄

無毛で断面は丸い

開花期の樹姿

　幹は太くならず、斜めになるか、湾曲しながら立つ。樹高は普通2〜4m、高くても6m程度。花は桃色の蝶形花で、同じ冬芽から多数が出る。夏以降、平たい豆果がいつまでも束になってぶら下がっている。葉は落葉樹としては厚く、強い輻射熱を加えても形状変化が小さく、建物に身近なところで防火力を発揮できる樹木の一つと考えられる。葉をもむと、青リンゴの皮のような軽い青臭さがある。

棘は非常に痛い

小枝の棘は、葉痕の上に出る

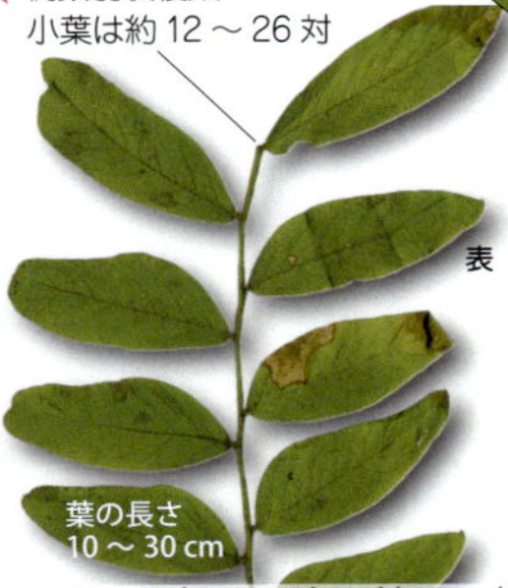

★★ 葉軸は稜があり断面は四角、毛が密

★ 偶数羽状複葉
小葉は約 12 〜 26 対

後ろから前から押し出したように扁平な豆果

小葉柄は 1mm 以下

表

葉の長さ
10 〜 30 cm

適潤地を好み、川沿いなどで大木が育つ。

サイカチ

マメ科　*Gleditsia japonica*

東北〜九州産
主な人為拡散域：北海道中南部〜九州
雌雄同株・同花または異花
花期：5-6月／果熟期：10-11月

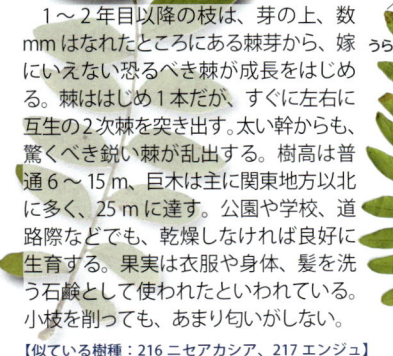

偶数羽状
全縁
互生

被子植物

落葉広葉高木

1〜2年目以降の枝は、芽の上、数mmはなれたところにある棘芽から、嫁にいえない恐るべき棘が成長をはじめる。棘ははじめ1本だが、すぐに左右に互生の2次棘を突き出す。太い幹からも、驚くべき鋭い棘が乱出する。樹高は普通6〜15m、巨木は主に関東地方以北に多く、25mに達する。公園や学校、道路際などでも、乾燥しなければ良好に生育する。果実は衣服や身体、髪を洗う石鹸として使われたといわれている。小枝を削っても、あまり匂いがしない。

毛のように微突出

うら

葉は偶数羽状複葉

両面淡緑色、葉縁や小葉柄、主脈上などに微毛

樹姿
大木になる

【似ている樹種：216 ニセアカシア、217 エンジュ】

215

品種オウゴンニセアカシアの葉と花

熟して開いた豆果

幅広く浅い溝がある

きれいな蝶形花序　芳醇な芳香

アカシアと誤認され、各地で植えられた。

ニセアカシア
（ハリエンジュ）
マメ科　*Robinia pseudoacacia*

奇数羽状／全縁／互生

外国産（北アメリカ）
主な人為拡散域：北海道以南
雌雄同株・同花／花期：(4,)5–6月
果熟期：8–9月

被子植物／落葉広葉高木

表　小葉は薄く、約11～21対

葉の長さ 20～35 cm

★★ 丸いか凹む

遠くからでも目立つ品種
オウゴンニセアカシア

淡緑白色
脈や葉軸、小葉柄に細伏毛

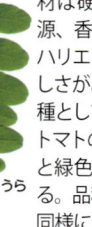

うら

並木　いずれ見られなくなるだろう

樹高は普通7～15 m、大木は20 mを超す。強健で繁殖力が旺盛。伐開地の緑化などで大量に植栽されてきた。材は硬く有用、花は高級ハチミツの蜜源、香りは濃厚で豊満。ニセアカシアやハリエンジュという名に本筋ではない哀しさがある。比較的、短命。近年、外来種として各地で除伐される。葉をもむとトマトの皮に似て甘酸っぱい。枝を削ると緑色で、キュウリのような青臭さがある。品種オウゴンニセアカシア 'Frisia' は同様に棘があり、葉が黄緑色から鶸色に輝いて美しい。【似ている樹種：217 エンジュ】

葉柄基部に棘はない

種子

若い豆果　くびれる

★★ 直線状に
とがる

小葉は約 7 ～ 19 枚

小葉柄は短くて有毛

白い蝶形花

葉をもむと線香が腐ったような青臭さ。

エンジュ

マメ科　*Styphnolobium japonicum*

外国産 (中国)
主な人為拡散域：北海道以南
雌雄同株・同花／花期：7-8(,9) 月
果熟期：(10,)11-12 月

奇数羽状

全縁

互生

表

葉の長さ
20 ～ 30 cm

被子植物

落葉広葉高木

樹高は普通 7 ～ 10 m ほどで、街路樹に多く使われる。あまり高くならないが、関東地方以西などで 20 m を超える。果実は熟しても裂けない。さやは扁平にならず、各々の種子がまるまるとして膨らみ、種子間がくびれてポン・デ・リング状。ニセアカシアと違い、細枝は冬季も緑色を帯びる。枝を削ると、ソラマメのさやと落花生の殻を混ぜたような強い臭みがある。変種シダレエンジュ var. *pendulum* は公園や社寺などに植栽され、葉はやや厚く、小葉の大きさはエンジュより揃う。

花序

★ 帯白色、
脈などに
毛が密

基部の
小葉は
小さい

変種シダレエンジュの葉

樹姿

【似ている樹種：215 サイカチ、216 ニセアカシア】

217

原種ナツグミの葉うら

茶色の鱗毛は少ない

表　　うら

原種ナツグミの花と葉

★ 若葉には星状鱗毛が混じる

★★ 主脈上や脈間に金茶色の鱗毛が多い

花

ナツグミ *E. multiflora* の変種とされ、中間的な個体もある。

トウグミ

グミ科　*Elaeagnus multiflora* var. *hortensis*

北海道南部〜近畿・四国（局所的）産
主な人為拡散域：北海道南部〜九州
雌雄同株・同花／花期：4-5月
果熟期：5-7月

表

やや薄く、波打つ

葉の長さ
5〜11 cm

単葉／全縁／互生

被子植物

落葉広葉中高木

銀白色の鱗毛が密生

核果状の偽果、キイチゴのように甘酸っぱく熟す

うら

広いくさび形〜丸い

樹姿

樹高は普通 2〜6、7 m になる。葉の表には銀白色の星状鱗毛が夏過ぎまで多く残り、「トウちゃん、毛が残ってるね」。枝は金茶色の鱗毛で覆われ、棘は普通ナツグミほど目立たない。ナツグミは、葉表の鱗毛が落ちやすく、若い葉にも星状鱗毛がほとんどない。葉がやや薄く、うらに金茶色の鱗毛が少ない。この変種ダイオウグミ var. *gigantea* は果実の長径が 2.5 cm を超え、人差し指の第一関節以上にもなる。品種改良が進み、樹高が少し低い。

【似ている樹種：220 アキグミ】

熟しはじめた核果

うらは金茶色

表 うら　　表 うら

別種ツルグミ　　別種オオバグミ

花には甘い芳香

葉柄は星状鱗毛でおおわれる

★★
厚く乾いた感触、縁はうらへ湾曲し波打つ

表

葉の長さ
5～12cm

葉をもむとモモとリンゴの皮を混合した弱い匂い。

ナワシログミ

グミ科　*Elaeagnus pungens*

東海〜九州産
主な人為拡散域：東北中部以南
雌雄同株・同花／花期：10-11(,12)月
果熟期：4-5月

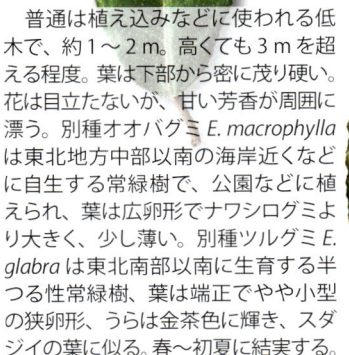

単葉

全縁・単鋸歯

互生

被子植物

常緑広葉中低木

うら

★葉うらは茶白色の鱗毛で厚くおおわれる

樹姿

　普通は植え込みなどに使われる低木で、約1～2m。高くても3mを超える程度。葉は下部から密に茂り硬い。花は目立たないが、甘い芳香が周囲に漂う。別種オオバグミ *E. macrophylla* は東北地方中部以南の海岸近くなどに自生する常緑樹で、公園などに植えられ、葉は広卵形でナワシログミより大きく、少し薄い。別種ツルグミ *E. glabra* は東北南部以南に生育する半つる性常緑樹、葉は端正でやや小型の狭卵形、うらは金茶色に輝き、スダジイの葉に似る。春～初夏に結実する。

219

葉は薄く、互生する

果実は球形で秋に熟す

棘は痛い

銀白色の鱗毛が密
金茶色の鱗毛は少なめ

★★ 銀白色の鱗毛が長く残り、星状毛がない

若い枝には長い棘があり、痛い。

アキグミ

グミ科　*Elaeagnus umbellata*

北海道南部〜九州産
主な人為拡散域：北海道〜九州
雌雄同株・同花／花期：4-5(,6)月
果熟期：9-11月

果実

★ 葉は細く、基部はくさび形

表

葉の長さ
4〜11 cm

直線状〜くちばし状

変種マルバアキグミの葉

主幹は分岐し横へ広がる、全体的に銀白色で明るい

うら

葉が銀色にきらめき明るい。樹高は普通2m以下、成長すると4mを超す。株は叢生しやすく、枝は横へ伸び、放任すると足の踏み場に困るほどになる。若い枝には長い棘があり、棘の多い群落では、動くたびに痛くてたまらない。葉をもむと、リンゴとモモの皮を混ぜたような弱い香りがある。葉の表に明瞭な星状毛がある変種をカラアキグミ（ミチノクアキグミ）var. *coreana*、葉幅が広く丸い変種をマルバアキグミ var. *rotundifolia* として区別する。

【似ている樹種：218 トウグミ、218 ナツグミ】

単葉／全縁／互生

被子植物

落葉広葉中低木

縮れた6枚の花弁

ピンクの花が多い

白花種

★ 側脈は先端を目ざし、縁に届かない

★★ 2枚ずつ互生（対生に見える）

表（着葉枝）

葉の長さ 2.5〜8 cm

葉はコクサギ型葉序。2枚ずつ互い違いにつく。

アサガオに似て球形、長く枝に残る

蒴果

サルスベリ

ミソハギ科　*Lagerstroemia indica*

外国産（中国）
主な人為拡散域：北海道中南部以南
雌雄同株・同花／花期：7−9(,10)月
果熟期：(9,)10−12(−3)月

単葉

全縁

互生

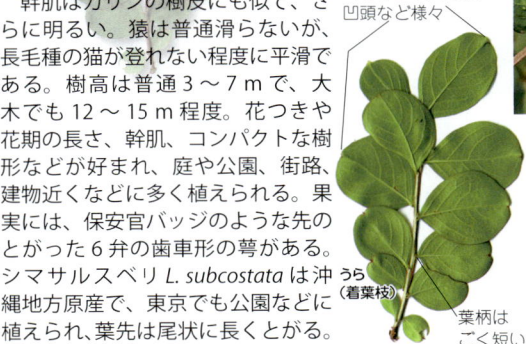

くちばし状、円状、凹頭など様々

若枝には稜がある

うら（着葉枝）

葉柄はごく短い

開花期の樹姿

　幹肌はカリンの樹皮にも似て、さらに明るい。猿は普通滑らないが、長毛種の猫が登れない程度に平滑である。樹高は普通3〜7mで、大木でも12〜15m程度。花つきや花期の長さ、幹肌、コンパクトな樹形などが好まれ、庭や公園、街路、建物近くなどに多く植えられる。果実には、保安官バッジのような先のとがった6弁の歯車形の萼がある。シマサルスベリ *L. subcostata* は沖縄地方原産で、東京でも公園などに植えられ、葉先は尾状に長くとがる。

被子植物

落葉広葉中高木

221

葉は枝先に集まる　雄花が垂れている

核果

別種テウチグルミ

短い

★★ 脈上や脈腋に星状毛と
短毛と腺毛　べとつく

約11〜19枚
の奇数羽状複葉

雌花　先端の紅は
一瞬のひととき

★ 幅広い大
判形、
光沢ない

表

果実の核は鬼の力でないと割れない。食用部は少ない。

オニグルミ

クルミ科　*Juglans mandshurica* var. *sieboldiana*

奇数羽状
単鋸歯
互生

北海道〜九州産
主な人為拡散域：北海道以南
雌雄同株・異花／花期：5-6月
果熟期：9-10(,11)月

葉の長さ
30〜60 cm

うら

核　アカネズミの食痕

★ 低い
単鋸歯

毛が密、べとつ
く、断面は丸い

樹姿　新緑のころ

日本産の代表的なクルミ。公園などで高さ6〜15 m、大木は中部地方以北の日本海側や東北地方に多く、25 mを超す。外果皮は短毛が密生し、ひどくべたつくが、採取して数日すると乾燥し、完全にべたつかなくなる。身近なクルミは、このほか外国種テウチグルミ *J. regia* var. *orientis* などがある。テウチグルミは土壌の乾燥や貧栄養に強く、東京など都心の庭や公園でも良好に育ち、殻が薄く人の手で割れる。小葉は3〜5(-9)枚程度と少なく、オニグルミのようにサワサワ感はない。

被子植物

落葉広葉高木

【似ている樹種：223 サワグルミ、273 ニワウルシ】

葉はウワミズザクラに似た質感

葉柄の上面に溝のような平滑部がある

サワグルミの葉とオニグルミの葉

サワグルミ

オニグルミ

★ 脈上と脈間に顆粒状の毛が散生

別種ノグルミ

小葉柄はほとんどない

★★ サクラ類のような質感、べとつかない

表

葉の長さ
25〜60cm

肥沃な適潤地を好み、都市空間には多くない。

サワグルミ

クルミ科　*Pterocarya rhoifolia*

北海道南部〜九州産
主な人為拡散域：北海道中南部〜九州
雌雄同株・異花／花期：(4,)5-6月
果熟期：7-9月

奇数羽状複葉
単〜重鋸歯
互生

約9〜21枚の奇数羽状複葉

うら

別種シナサワグルミの葉

ほぼ無毛

★ 単〜重鋸歯、先は鋭い

幹は素直に伸びる

幹は明るくまっすぐに立ち、樹高は一般に8〜15m、高いものは35mを超える。果実は食用にならず、扇形に広がった丸い翼があり、華やかなレイのように垂れ下がる。別種ノグルミ *Platycarya strobilacea* は、東海地方以西に生え、関東でもまれに植栽される。葉はより薄く細く、両辺が弧を描いた荒い欠刻状の重鋸歯がある。同属シナサワグルミ *P. stenoptera* は外国産(中国)で、街路樹や公園樹等として植えられ、葉は偶数羽状複葉で葉軸に翼があり、果実の翼は丸くない。【似ている樹種：222 オニグルミ】

被子植物

落葉広葉高木

223

葉は対生 短枝では束生

液果の先端はサルの肛門のよう開くか閉じる

花は一重

★★ 葉は細く、両面無毛で光沢がある

表

花は赤い一重花。

ザクロ
（ミザクロ）
ザクロ科　*Punica granatum*

外国産（西アジアほか）および栽培品種
主な人為拡散域：東北中部以南
雌雄同株・異花／花期：(6,)7–8(,9)月
果熟期：(9,)10–11月

赤みを帯びることがある

葉の長さ
5〜10 cm

単葉
全縁
対生

被子植物

落葉広葉中木

裂開した液果

うら

★ 側脈は縁に届かず、はしご状

淡色で突出する

葉柄は短く、葉身が沿う

下枝は比較的残る

赤い一重花のものをザクロまたはミザクロと呼んでいる。果実が大きいものや小さいもの、甘いものや酸味が強いものなどの品種がある。樹高は普通2〜5mで、あまり大きくならない。葉をもむと、枝豆のような弱い匂いがある。果実が熟して割れた様子は、見てはいけないものを見たような雰囲気があり、数々の迷信や奇伝を呼ぶ。鬼子母神神話から人肉の味がするといわれるが、私には分からない。ビワなどとともに、家人のうめき声を聞いてよろこぶという。

【似ている樹種：225 ハナザクロ】

花は八重咲きが多い

蕾

花後の萼　普通結実しない

★★ 葉はザクロと同じ、長い楕円形、両面無毛で光沢がある

うら　表

葉の長さ
5〜10cm

ザクロと同一種で、ザクロの園芸品種群。

ハナザクロ
（ヤエザクロ）

ザクロ科　*Punica granatum* cvs.

外国産（西アジアほか）および栽培品種
主な人為拡散域：東北中部以南
雌雄同株・異花／花期：6-8(,9)月
果熟期：×

単葉　全縁　対生

被子植物

落葉広葉中木

　八重のものや一重の色変わりなど、ザクロの園芸品種群をハナザクロと総称して呼ぶ。一般には、橙紅色の八重や白い覆輪のある品種が公園や庭などによく植えられている。花弁はザクロと同様に細かいしわがあり、ふりふりしている。萼が肉厚で大きく、果実のように見える時期があるが、普通は結実しない。一重の品種には、結実するものがある。樹高はザクロより少し低く、叢生しやすい。ザクロと同様に幹は粗くささくれ、一年枝も縦にしわが多く、絹糸のように剥がれてまとわりつく。【似ている樹種：224 ザクロ】

葉は対生　短枝では束生ぎみに互生する

夏の樹姿　　冬の樹姿

マキバブラシノキの花序

シロバナブラシノキの花序

花序群　新葉は赤くない

★★ 無機質な質感
側脈は細かくそろう

花は多数の雄しべと少数の雌しべが集まる。

マキバブラシノキ
側脈や縁の稜は目立たない

細長い披針形で厚い

ブラシノキ

フトモモ科　*Callistemon speciosus*

外国産（オーストラリアなど）
主な人為拡散域：東北南部以南
雌雄同株・同花／花期：(3–)5–6(,7)月ほか
果熟期：8–10月など

単葉／全縁／互生

被子植物／常緑広葉中高木

表

葉の長さ
7〜10cm

うら

マキバブラシノキの蒴果

額縁状の稜

大小の油点

開花期の樹姿

花は鮮赤色〜明赤色。樹高は普通3〜4m程度。下記の2種や白花種シロバナブラシノキ *C. salignus*、四季咲種、枝垂れ性、細葉など多くの種や品種があり、都市緑化では一括してブラシノキと総称している。葉をもむと、ゲッケイジュとクスノキの中間のような芳香がある。ハナマキ（キンポウジュ）*C. citrinus* は赤花で、公園などに古くから植えられており、若葉が赤みを帯びる。マキバブラシノキ *C. rigidus* は濃赤花で、葉はイヌマキのように細く、樹高3〜4m以下と少し低い。

【似ている樹種：39 ナギ、304 オリーブ】

葉は軟らかく、光沢が強い

変種ヒメアオキの核果
冬に赤く熟し、春まで目立つ

やや若い幹

変種ヒメアオキの雄花
アリが来ている

★★
両面とも無毛

大きな単鋸歯
ときに全縁

表

葉の長さ
9〜25 cm

目向では葉の色が薄く、成長が悪い。

アオキ

ミズキ科　*Aucuba japonica*

東北中部〜九州産
主な人為拡散域：東北中部以南
雌雄異株／花期：3-5 月
果熟期：12-2(-4) 月

単葉

単鋸〜全縁

対生

変種ヒメアオキ

品種フイリアオキ

うら

うらは白くない

品種フイリアオキ樹姿

　樹高は普通1〜2 mで、成長すると4 m。若い幹は、いつまでも緑色。自生でも斑入りの品種フイリアオキ 'Variegata' が見られ、斑の入り方や果実の色などが多彩で、多くの品種がある。東京では、都市林や里山などで増加傾向にあり、鳥などの動物や人為による拡散、温暖化などによる影響と考えられる。葉をもむとリンゴの皮のような香り。変種ヒメアオキ var. *borealis* は葉が細身で小型、日本海側に自生し、葉うらの主脈などに茶色の毛があり、葉柄をもぎると弾力を感じる。

被子植物

常緑広葉中低木

227

蕾 4枚の総苞片は先が凹む

上面は皿形の溝

うら

小さな花が集まる

核果は尻を合わせたように互いが接する

核果

脈腋は茶色にならない ★★

楕円形で波打つざわついた手触り

表

小柄で美しくて扱いやすく、誰からも好かれる。

ハナミズキ
（アメリカヤマボウシ）
ミズキ科 *Benthamidia florida*

単葉／全縁／対生

外国産（北アメリカ）
主な人為拡散域：北海道南部以南
雌雄同株・同花／花期：4-5月
果熟期：9-11月

被子植物／落葉広葉中高木

葉の長さ 9〜16 cm

脈に長毛

晩夏の樹姿

うら

開花期の樹姿（赤花種）

外来種。主幹は明瞭で、樹形は端正な円錐形。春爛漫、花芽と葉芽はほぼ同時に開きはじめ、展開は花のほうが早い。樹高は普通3〜5m、高くても8m程度。全国で簡単に植えられて、日本の春の風情を変え、日米関係を象徴するような樹木である。葉は薄く柔らかいが、みずみずしい期間は短い。夏以降は乾いた感触となり、うどんこ病にかかりやすい。葉をもむと、若い葉ではわずかにゴムを焼いたような青臭さがある。秋きいて、枯れたような紅葉が長く続く。

【似ている樹種：229 ヤマボウシ】

蕾 総苞片は4枚で、先端がとがる

小さな花の集合花

上面基部に三角形の溝、短毛がある

球形の**集合果**
直径は約 1.5 ～ 2.5 cm

★★ 脈腋に長毛が密生

★ 丸い楕円で波打つ、柔毛が散生、ざらつかない

表

葉の長さ
5 ～ 13 cm

果実は集合果で、秋に紅桃色に熟しほんのり甘い。

ヤマボウシ

ミズキ科　*Benthamidia japonica*

東北中部～九州産
主な人為拡散域：北海道中部以南
雌雄同株・同花／花期：5-7月
果熟期：9-10(,11)月

単葉
全縁
対生

全体に淡色の毛

うら

葉は対生、葉柄は短い

開花期の樹姿

　日本産。樹高は普通 4 ～ 8 m、大きなものは 10 m を超える。樹形は端正で、花は美しく、庭や街路、公園などに似合う。都市に限らず、外来種のハナミズキがいたるところに多植され、ヤマボウシは少ない。葉をもむと、リンゴの皮ともやや違う青臭さがある。葉うらの主脈が枝分かれする腋に茶色の毛が密生し、「山の法師、脇毛濃い」。外国産の常緑樹に別種ヒマラヤヤマボウシ *B. capitata* があり、公園や庭などに植えられ、この花はやや目立たない。

【似ている樹種：228 ハナミズキ、232 サンシュユ】

被子植物

落葉広葉中高木

葉と花序

無毛

核果

花

果実の表面は薄く粉を
ふき、歪なあばた顔

葉は含水率が比較的高く、防火樹。

ミズキ

ミズキ科　*Swida controversa*

北海道〜九州産
主な人為拡散域：北海道以南
雌雄同株・同花／花期：4-6 月
果熟期：8-10(,11) 月

★★ 側脈は普通
8 対以上

★ 広楕円形

表

葉の長さ
8 〜 18 cm

単葉
全縁
互生

被子植物

落葉広葉高木

うら　尾状

大木の樹姿

脈間や脈上に
毛、脈腋には
長い白毛

成葉は
帯白色

枝に葉が棚状につく

都市では公園や屋敷林、雑木林などに見られ、樹高は普通 7 〜 12 m、大きいものは 20 m。大枝につく葉群が横一面に広がり、枝ごとに棚状の樹形をつくる。葉は互生だが、短枝の枝先に集まって輪生し、対生と見違うことも多い。このため、クマノミズキとの違いを葉序で覚えていると混乱してしまう。果実は秋、黒紫色に熟し、鳥が好き。しかし青臭く、食べる気になれない。冬芽は赤くて光沢があり、美しい。小枝を削ると、サリチル酸メチルのような爽やかな強い芳香がある。【似ている樹種：231 クマノミズキ】

葉と花序

葉はミズキよりも細く長い

花

茶色の短毛が散生

★ 細身で長い

★★ 側脈は普通8対以下

庭や公園よりも、里山の林縁などで見かける。

表

クマノミズキ

ミズキ科　*Swida macrophylla*

東北～九州産
主な人為拡散域：北海道南部以南
雌雄同株・同花／花期：5-7月
果熟期：9-11(,12)月

葉の長さ 7～22 cm

単葉
全縁
対生

　庭に植えられることはまれで、公園などでもミズキより少ない。里山の林縁などで見かける。樹高は6～12 m、高いものは20 m近くなる。ミズキほどではないが、大枝を中心にした棚状の葉群が積み重なったような樹形を形成する。ミズキの葉は互生、クマノミズキは対生するが、枝先などでは分かりにくく、葉の形状や側脈の数で識別したほうが分かりやすいことが多い。枝を削ると、サロメチールのような刺激的な芳香がある。
【似ている樹種：230 ミズキ】

尾状
頂芽
側芽
帯緑色～帯白色
葉は対生する
全体に短毛、脈腋は毛が密生しない
うら
樹姿

被子植物
落葉広葉高木

冬空に黄色が映える

上面は平たく、両縁は稜

核果
やや楕円のナツメ形で愛らしい

煎り玄米のような**核**

脈腋に長毛が密生し茶色 ★★

★ 狭い長楕円形、波打たない

花

早春、樹全体が黄色になるほどの花が咲く。

サンシュユ
（ハルコガネバナ）
ミズキ科　*Cornus officinalis*

外国産（朝鮮半島）
主な人為拡散域：北海道中部〜九州
雌雄同株・同花または異株
花期：2-3月／果熟期：(10,)11-12月

表

葉の長さ
5〜14cm

脈間に長毛が散生

うら

葉芽

花は葉より先に開く

開花期の樹姿

樹高は普通2〜5m程度。長命で成長は遅く、老木でも6〜10mほどだが、ときに15mになる。まだ寒さが残る春めくころ、ハクモクレンと同時か少し早く、樹冠全体が黄色になるほどに咲いてきれい。葉をちぎると網脈の繊維が納豆のように糸を引き、青ずっぱい弱い匂いがある。果実はみずみずしく、晩秋に果柄ごと赤く熟す。落下しても、はつ恋の人の小指のような透光性があり、無意識に口に入る。甘い気もするが、かなり酸味が強い。【似ている樹種：229 ヤマボウシ】

単葉
全縁
対生

被子植物

落葉広葉中高木

大小2枚の白い総苞片に包まれて咲く

雄花序

両性花序

両性花序と雄花序

葉柄は長くて柔軟、断面は丸い

落果

先は尾状に長い

弧を描く単鋸歯

丸いハート形

表

核

断面は規則正しい6裂の星形

花は小柄な白鳩が眠るように咲く。

ハンカチノキ
(ハトノキ)
ミズキ科　*Davidia involucrata*

外国産(中国)
主な人為拡散域：北海道中南部〜九州
雌雄同株・同花または雄花
花期：4-5(,6)月／果熟期：10-12月

単葉
単鋸歯
互生

葉の長さ 15〜25cm

★★ 白色〜白緑色

うら

　樹高は普通5〜8m。日本で最初に植えられた小石川植物園（東京都）では公称15m。原産地では樹高が20mになるという。メタセコイアのように、太古の昔には日本にも存在していたと考えられている。花は、ただ1つの雌花を多数の雄花が囲む両性花と、多数の雄花のみの雄性花がある。果実は秋、緑褐色〜褐色に熟し、真冬には果柄と別に落果する。この中には一つ、断面が星形の大きな核がある。枝を削ると、ほこりっぽい、しかしみずみずしい青臭さがある。

羽状脈

脈上や脈腋に長い毛がまばら

熟した核果

樹姿

被子植物

落葉広葉中高木

【似ている樹種：148 シナノキ、251 ケンポナシ】

★★ 枝の翼が目立つ

★ 葉柄はごく短い、上面は平坦

★★ 鋭く細かく不ぞろいな単鋸歯

若い蒴果 2〜4つに分かれる

蒴果は2〜4裂し、鮮橙色の種子が現れる

両面ほぼ無毛、光沢がない

蒴果

葉の長さ 5〜8cm

表

くちばし状

うら

花は白黄緑色

植込みの樹姿

単葉 / 単鋸歯 / 対生

被子植物 / 落葉広葉中低木

秋、鮮橙色の種子と深紅の紅葉が美しい。

ニシキギ

ニシキギ科　*Euonymus alatus*

北海道〜九州産
主な人為拡散域：北海道〜九州
雌雄同株・同花／花期：4-6月
果熟期：9-12月

樹高は、普通2m以下の低木として扱われるものが多い。大きいものは、4mを超える。若い枝には十字に発達するコルク質の4つの翼があり、枝に沿って長く続く。枝に翼がない品種をコマユミ（ヤマニシキギ）f. *striatus* として区別するが、葉や果実などに類似点が多く、都市緑化ではあまり区別せず植えられている。これらの果実は、いずれも秋に裂け、鮮橙色の種子が普通1、2個ときに3、4個現われ、深紅の紅葉とともに美しい。

【似ている樹種：236 マユミ】

表　うら

紅葉は両面とも赤い

都市でも鮮やかに色づく

●品種コマユミ

蒴果

葉はニシキギと同じ

蒴果

ニシキギやマユミと同様、キバラヘリカメムシ（若い果実を吸汁中）の大群がやってくる

枝に翼がない

幹

紅葉の美しさはニシキギと同じ

被子植物

落葉広葉中低木

裂けた蒴果

シロマユミの蒴果

蒴果

★★ 葉柄は明瞭、上面は広い溝

両性花

★ 細かい単〜2重鋸歯

★ 全体無毛、光沢は弱い

表

葉の長さ 6〜16 cm

野趣のある樹木として庭や公園などに植えられる。

単葉／単〜重鋸歯／対生

マユミ
（オオバマユミ）
ニシキギ科　*Euonymus sieboldianus*

北海道〜九州産
主な人為拡散域：北海道〜九州
雌雄同株・同花または異花
花期：5-7月／果熟期：10-12月

葉は対生

うら

脈上など、ときに顆粒状突起

帯白緑色

樹姿

被子植物／落葉広葉中木

樹形は端正ではなく、樹高は普通1.5〜4 m、大きいものは6 mを超える。果実は秋から冬、はじめクリーム色のち淡桃色〜桃色となり、裂開して赤橙色の種を1〜4個つける。種子は柔らかい頭骸骨のような形の仮種皮に包まれ、短い柄の先につく。果皮の色は変異があり、桃色の濃いものや最後まで白いシロマユミと呼ばれるものなどがある。葉は両面無毛だが、変種カントウマユミ var. *sanguineus* は少し山地性で、うらの主脈、側脈ときに細脈上に淡色の短毛が密にある。【似ている樹種：234 ニシキギ】

花

裂ける前の蒴果
やがて橙色の種子が出る

上面は平圧、中央は山形に膨らむ

品種フイリマサキの葉

蒴果

★★
厚く、両面無毛
光沢が強い

表

葉の長さ
4～9 cm

★ 鋸歯は低く丸く、先端はポチッとした腺点

生垣として植えられることが多い。

マサキ

ニシキギ科　*Euonymus japonicus*

北海道南部以南産
主な人為拡散域：北海道中北部以南
雌雄同株・同花／花期：6-7,(8) 月
果熟期：12-1,(2) 月

単葉
単鋸歯
対生

葉は対生する

うら

基部は葉柄に沿う

刈り込み樹姿

公園などでは、葉が斑入りの品種フイリマサキ f. *aureovariegatus* や、這性の別種ツルマサキ *E. fortunei* とともに植え込みによく使われる。樹高は普通 1.5～3 m、高いもので 5～6 m になる。耐陰性があり、枝葉が密生し、下枝が枯れ上がらない。遮蔽率が高く、葉の含水率が比較的高く、身近な防火樹の一つ。長大な生垣はうどんこ病にかかりやすく、ユウマダラエダシャク幼虫などによる大被害を受けやすい。同じものを多数植えることは、不自然だからである。

【似ている樹種：142 ヒサカキ】

被子植物

常緑広葉中低木

核果
赤と緑の実が混在する

やや細い、短毛が残るか無毛

雌花は雄しべが短い、前年の剪定枝の花は早く咲く

葉は互生　果柄は短い　**核果**

★ 鋸歯は低く鋭い（この葉は全縁）

尾状先端は丸い

両面、ほぼ無毛

表

葉の長さ 5～8 cm

樹形は端正で成長が遅く、庭園などに植えられる。

シイモチ
（ヒゼンモチ）
モチノキ科　*Ilex buergeri*

中国地方～九州産
主な人為拡散域：東北南部以南
雌雄異株／花期：(2–)4–5月
果熟期：11–1月

単葉／全縁・鋸歯縁／互生

被子植物

常緑広葉中高木

若枝には短毛がある

★ モチノキに似るが、側脈が見える

樹姿

うら

丸い、あるいは広いくさび形

樹高は普通3～8m、高くなると15mになる。モチノキのように庭園や建物際などに植えられるが、雌木が多い。葉は、肉厚で緑厚な手触りがモチノキに似ているが、各脈の起伏や葉全体の反り具合、鋸歯の位置や出方はスダジイに似ている。若枝に微毛がある。果実の先端には雌しべの痕跡が黒く顕著に残り、鬼太郎の父さんに似ている。初冬から冬にかけ、果実は古いものから順に赤くなり、赤色と緑色の実が混在する。厳冬期には、翌年に熟す緑色の果実が残る。果皮の光沢はごく弱い。

【似ている樹種：241 モチノキ】

赤い核果と緑の核果

鋸歯は普通 11〜17個

核果

強い光沢

光沢は弱い

核果は約1cmで多数が束生する

別種セイヨウヒイラギモチ
別種アメリカヒイラギモチ

倒卵形〜五角形で、熊の敷き皮のよう

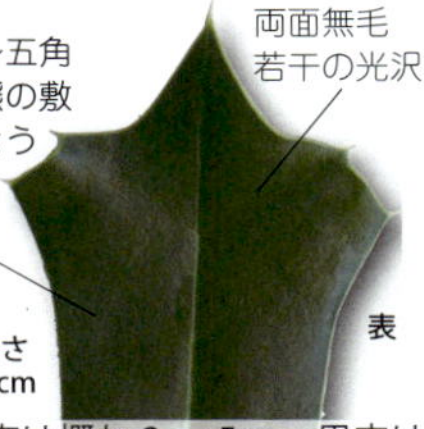

両面無毛 若干の光沢

葉の長さ 4〜7cm

表

果実は赤く熟し、ほぼ無香で不味そう。

シナヒイラギモチ
(ヤバネヒイラギモチ、チャイニーズホーリー、シナヒイラギ、ヒイラギモチ)

モチノキ科　*Ilex cornuta*

外国産（中国、朝鮮半島）
主な人為拡散域：北海道南部以南
雌雄異株または同株・同花
花期：4-5(,6)月／果熟期：11-2(-7)月

★★

単葉

単鋸歯

互生

被子植物

常緑広葉中木

樹高は概ね2〜5m。果実は普通、冬季にヒヨドリやメジロなどの小鳥に食われるが、場所により夏まで残る。枝先の若い果実の緑色と対照をなし、人目をひく。日本でホーリーと呼ばれるものに、別種アメリカヒイラギモチ *I. opaca* とセイヨウヒイラギモチ *I. aquifolium* があり、葉はともにヒイラギに似ているが、大きい。アメリカヒイラギモチは葉の光沢が弱く、果実は葉の基部や節間に単生または束生状に単生。セイヨウヒイラギモチは葉に光沢があり、果実はやや腋生ぎみに束生する。【似ている樹種：303 ヒイラギ】

★3〜11個の鋸歯があり、先が鋭く痛い

葉　低木や植込みとしてもよく使われる

うら

中高木の樹姿

核果の先端は大きな菱形の花柱痕が目立つ

雄花序　雄しべが長い

葉うら

核果

葉柄は太く、上面は溝にならない

両面無毛

★★ かなり厚い大判形

表

葉の長さ 10〜20 cm

極厚の葉には、金ノコギリのような鋭い鋸歯。

タラヨウ

モチノキ科　*Ilex latifolia*

東海〜九州産
主な人為拡散域：東北中部以南
雌雄異株／花期：4-6月
果熟期：11-12月

単葉

単鋸歯

互生

被子植物

常緑広葉高木

黒化が早く、読みやすい

うら

★ 側脈や網脈は見えにくい

鋸歯は細かく鋭く、規則正しい

枝は大きく広がる

社寺に多く、公園や学校、郵便局前などにも、よく植えられている。樹高は普通 6〜10 m、古いものは 20 m になる。樹形は端正な円錐状に育つが、乾燥しやすい環境では、あまり生育が良くない。葉はごく厚く、素手で触ると異様な厚みを感じるはずである。葉うらを棒などでこすると、短時間のうちに茶色〜濃褐色へ変色する。都市では普通、葉のうらに下手な殴り書きがあって、達筆だったためしがない。斑入りの品種フイリタラヨウ f. *variegata* があり、少量が流通している。

【似ている樹種：193 セイヨウバクチノキ、202 オオカナメモチ】

若い核果 わずかに長い球形で光沢はにぶい

葉柄は黒くならない

核果

雄花

★★ 縁まで全面が一様に厚い手触り

くちばし状

★ 葉柄は黄緑色、上面は浅い溝

全縁

葉の長さ 5〜12 cm

表

庭や公園、社寺、建築物周辺などに、よく植えられる。

モチノキ

モチノキ科　*Ilex integra*

東北南部以南産
主な人為拡散域：東北中部以南
雌雄異株／花期：(3,)4–5(–6) 月
果熟期：(8–)10–12(–6) 月

単葉
全縁
互生

被子植物

常緑広葉中高木

うら

別種クロキの葉　低い鋸歯

★ 黄緑色、脈は透けない

樹姿

全体無毛、光沢は鈍い

　樹高は普通 4〜10 m、高いものは 30 m を超す。葉は葉柄も黒や赤に染まることはなく、力を込めてさわると葉の縁辺にいたるまで均一な厚みを感じる。幹は灰色だが白く、故事民話などで、モチノキの木霊は女性か若い男子の姿で現れる。個体差があり、若くても鮫肌になるものと、かなりの高齢でも平滑な餅肌を維持するものがある。関東地方以西には、似たものにシイモチやクロキ *Symplocos kuroki* がある。関西では比較的みられるようだが、関東などでは少ない。

【似ている樹種：93 イスノキ、141 サカキ、146 モッコク、238 シイモチ、243 クロガネモチ】

核果 果柄が比較的短い個体

核果 果柄が長い　果柄の途中に苞葉痕がある　核果

細く長い

雄花

★ にぶい光沢、乾いた感触
★★ 薄い小判形の楕円形

枝を振るとソヨソヨ、ヨゴヨゴと葉音がするかのように軽い。

ソヨゴ
（フクラシバ）
モチノキ科 *Ilex pedunculosa*

関東北部〜九州産
主な人為拡散域：東北中部以南
雌雄異株／花期：5-7月ほか
果熟期：10-11(-1)月

表

葉の長さ 5〜11 cm

葉縁は緩く波打つ

葉は互生

うら

樹姿

単葉／全縁〜鋸歯縁／互生

被子植物

常緑広葉中高木

　樹高は普通3〜6m、大きなものは10mを超える。根が張らず、乾燥地にも自生するため、屋上緑化や都市緑化に好んで使われるが、樹勢が良いものは少ない。果実は秋から赤色に熟し、他のモチノキ科に比較して数は少なめ。大から小まで個体差があり、大きいものがよく流通している。果柄は長いものは6cmにもなり、あまり柔軟ではなく、短いものは垂れるものばかりではない。葉をもむと、靴クリームとリンゴの皮が混在するような、弱い青ずっぱさがある。【似ている樹種：243 クロガネモチ】

熟した核果

ナツメ形で、裂片の不明瞭な萼がある

核果

雌花

★★ 日向の葉は帯黒紫色

モチノキより薄い手触り

両面無毛 側脈は目立たない

表

葉の長さ 7〜12 cm

雌木ばかりが植栽され、雌雄のバランスがおかしい。

クロガネモチ

モチノキ科　*Ilex rotunda*

関東北部以西産
主な人為拡散域：東北南部以南
雌雄異株／花期：(5,)6–7月
果熟期：10–12月

単葉 / 全縁 / 互生

うら

葉は互生し、光沢がある

★ 主脈は帯黒紫〜赤紫色

着果期の樹姿

雌雄異株。雄は勢いばかりで喜ばれるところが少なく、好んで雌木が植栽されるため、都市では雌雄のバランスが著しくおかしい。果実の色や葉柄の色、樹形など多くの変異がある。樹高は普通3〜10mで、大きいものは東海地方以西に多く、30mを超す。庭や公園によく植えられ、暖かい地方ではトウネズミモチのように繁殖力が旺盛である。果実は類似の赤い実のなかでは小さめ。光沢が強く、初冬にかけて鮮血色に熟す。

【似ている樹種：241 モチノキ、242 ソヨゴ】

被子植物 / 常緑広葉中高木

葉は光沢がない

黒紫色を帯びる

萼は小さな星形〜菱形で、果柄ともに有毛

雌花　萼などに短毛が密

核果は球形で艶がある、原色に近い鮮赤色

核果

★脈上に毛が密

低い単鋸歯

光沢ない

★★ルーペでも見にくい短毛、フェルト状の手触り

表

葉の長さ 2.5〜8 cm

秋、雌木には鮮赤色の美しい果実がつく。

ウメモドキ

モチノキ科　*Ilex serrata*

単葉
単鋸歯
互生

東北〜九州産
主な人為拡散域：東北〜九州
雌雄異株／花期：5-7月
果熟期：9-11,(12)月

被子植物

落葉広葉中低木

うら

品種シロウメモドキの核果

全体に短毛が密

枝や幹は細い

モチノキ科。山では湿潤な土地に多い。都市では普通、樹高約 1〜2.5 m の低木として植えられ、高くても 3 m を超える程度。果実は透明感がなく、艶がある。品種により、大きいものがある。葉が倒卵形で果柄が普通 4 mm 以上の変種ミヤマウメモドキ var. *nipponica*、葉など全体に毛がほとんどないイヌウメモドキ f. *argutidens*、果実が白いシロウメモドキ f. *leucocarpa* など品種、類似種がある。シロウメモドキは、庭園や公園などによく植えられている。

核果はほぼ球形

葉は互生し、小さくて厚い

テーパー状の細い果柄

雄花は雌しべが発達せず、複数が1つの花序に咲く

表（着葉枝）

核果　径6.5〜9mm

★ 低い鋸歯
無毛
★★ 互生
微毛
葉の長さ 1.5〜4cm

耐陰性があり枝葉がよく密生し、整姿しやすい。

イヌツゲ

モチノキ科　*Ilex crenata*

東北中部〜九州産
主な人為拡散域：北海道以南
雌雄異株／花期：5-7月
果熟期：(10,)11-12月

単葉　単鋸歯　互生

被子植物

常緑広葉中高木

うら（着葉枝）

品種マメツゲの葉

側脈は両面とも目立たない

全周に稜と短毛（若枝）

樹姿

成長が遅く、樹高は普通2〜5m、大きなものは10m以上になる。耐陰性があり枝葉がよく密生し、刈り込んで整姿しやすいため、古くから庭木や生垣として仕立てられてきた。葉が小さくてスプーン状のマメツゲ f. *bullata* をはじめとする数種の園芸品種がある。果実は雌木のみにつき、ほぼ正球形で緑色のち黒色に熟し、銀玉鉄砲の玉が無くなったときに使用できる。適度に小さく柔らかく、命中されて怒るひとは少ないが、微妙に大きくて玉がつまる。

【似ている樹種：246 ホンツゲ】

245

❷ 雄花が衰え、雌花（中央）が咲く

❶ はじめに雄花（周辺）が咲く

老熟した蒴果

★★ 葉柄、主脈基部は無毛

表（着葉枝）両面無毛

★ 全縁　★ 対生

葉の長さ1〜2.5 cm

葉をもむとエポキシ接着剤のような癖になる匂い。

ホンツゲ
(ツゲ)
ツゲ科 *Buxus microphylla* var. *japonica*

関東〜九州産
主な人為拡散域：北海道南部以南
雌雄同株・異花／花期：3-4(,5) 月
果熟期：9-10 月

単葉／全縁／対生

被子植物

常緑広葉中低木

うら（着葉枝）

冬は枝が褐色になりやすい

植込みの樹姿

側脈は細かく平行し、目立たない

4稜があり無毛

造園界などでは、耐寒性、耐陰性があり刈り込みに耐えるイヌツゲの利用がホンツゲよりも多い。このため、俗にイヌツゲをツゲと呼んでいるが、材の質や葉の色艶はホンツゲに敵わない。樹高は普通1〜4m程度で高いものは6m以上。花は春、枝先に雄花と雌花が集まって咲き、クリの花のような芳香がある。近年、植え込みなどに使われる外国産のツゲ類は総称してボックスウッドと呼ばれ、これにはホンツゲの品種や別種セイヨウツゲ *B. sempervirens* の品種が含まれる。

【似ている樹種：245 イヌツゲ、247 ボックスウッド】

冬季は少し紅葉する

ツゲノメイガの幼虫

たまたま訪れたニッポンヒゲナガハナバチと葉

表
（着葉枝）

毛は微量

★対生

★全縁

★★葉柄と主脈基部に毛

葉の長さ
1.5～3 cm

葉はホンツゲよりも明るくて艶やか。

ボックスウッド
（スドウツゲ、セイヨウツゲ）
ツゲ科　*Buxus sempervirens*

外国産（北アメリカほか）
主な人為拡散域：北海道中部以南
雌雄同株・異花／花期：3-4月
果熟期：10月

単葉／全縁／対生

被子植物

常緑広葉低木

うら
（着葉枝）

4稜あり、有毛または無毛

葉柄は短くて有毛

側脈はほとんど見えない

プランター植栽

公園や庭、建物のエクステリアに、植え込みやトピアリーなどとして使われる。冬季や乾燥時などに、特に日向のものは赤褐色を帯びるものが多い。枝葉が密生し、下枝がよく繁るため、ホンツゲよりも多く流通している。多量に植えるとツゲノメイガの幼虫が多量に発生し、殺虫剤を散布することになりやすい。樹高は普通0.5～1.5 m程度。ホンツゲと同様に、葉をもむと、エポキシ接着剤のような不快で癖になる鉱物香がある。

【似ている樹種：246 ホンツゲ】

雌花

蒴果は突起のある果皮で被われ、裂開して黒い仁丹のような種子を出す

ほぼ全縁、鋸歯は目立たない

雄花はたくさんの雄しべを持つ

表

多くは赤く星状毛がある、断面は丸い

★ 普通一対の蜜腺があるが、ない葉もある

★★ 両面の脈上などに星状毛

新芽や新葉が赤いことが名の由来。

アカメガシワ

トウダイグサ科　*Mallotus japonicus*

東北中部以南産
主な人為拡散域：東北沿岸域以南
雌雄異株／花期：5-7月
果熟期：8-9月

単葉／全縁／互生

被子植物

落葉広葉高木

葉の長さ
15～40 cm

3裂または無裂

うら

新芽は星状毛が密生して赤い

★ 3本の脈は葉身基部から分岐

裂けないタイプの葉

樹姿

樹高は普通4～10 m、高くなると15 mを超える。新芽や新葉が赤いことから名づけられ、おもに毛が赤い。庭の片隅や公園、里山などによくみられる。美しい新芽に加え、健やかに素直に伸びる枝幹、きれいな幹肌、山菜としての美味、薬効、昆虫類の豊かさなど、長所がたくさんあるにもかかわらず、どこにでも芽生えて健康すぎ、好かれない。葉身基部の蜜腺付近にアリの門番がたむろし、葉を食う虫がやってくると、渋々と追い払う。

【似ている樹種：155 イイギリ、249 オオバベニガシワ】

新葉は透明感があり、組織そのものが赤い

雌花序

雄花序

表

★★ バンナイフ状の大きな単鋸歯

基部に一対のノギ状突起

次第に落ちる短毛、断面は丸い

枝上部の葉は葉柄が短い

短毛が散生してざらつく

ハート形

葉の長さ 20〜50cm

庭や公園などに植えられ、赤い新葉が目につく。

オオバベニガシワ

トウダイグサ科 *Alchornea davidii*

外国産（北アメリカ）
主な人為拡散域：東北南部〜九州
雌雄同株・異花／花期：3-4月
果熟期：6-7月

単葉
単鋸歯
互生

被子植物

落葉広葉中低木

樹高は普通1〜4m程度。本来は生命力が強く、広い場所では枝が広がって大株となる。アカメガシワと異なり、新葉は丸みがあり、透き通るように葉肉そのものが赤い。夏以降に出る新芽は、赤みが弱い。開花は葉が出るころ。雄花序は幹から増殖するようにごぼごぼと増大し、雌花序は竜の舌のようにチロチロと赤い雌しべを3本ずつ出す。葉が紅から緑に変わる初夏のころ、汚れたように白っぽくなり、土地がやせていると緑色の回復に少し苦労するようである。

【似ている樹種：248 アカメガシワ】

うら

★ 長軟毛が密

★★ 脈合部に複数の大蜜腺

葉は大きくて互生

樹姿

若い蒴果
種子
実殻
種子
蒴果
無毛で長い、上面は浅い溝
裂開しはじめた蒴果

★★ 三角〜菱形の倒卵形、両面無毛

表

葉の長さ 6〜14 cm

葉はやや厚く、秋に深紅に紅葉して美しい。

ナンキンハゼ

トウダイグサ科　*Sapium sebiferum*

外国産(中国)
主な人為拡散域：東北中部以南
雌雄同株・異花／花期：5-7月
果熟期：10-12月

単葉
全縁
互生

被子植物

落葉広葉高木

尾状に長い
緑白色
葉うら
うら
★ 普通一対の腺点
樹姿

　樹高は普通5〜8m、高いものは西日本に多く15mになる。葉は落葉樹にしては厚く、秋に深紅に紅葉して美しい。葉をもむと、香ばしいようなゴム臭いような、一風変わった弱い匂いがある。果実は亀頭形のいびつな球形。秋に暗褐色に熟し、初冬には先が3〜4裂して実殻だけが先に落下し、枝には白いポップコーンのような蝋状の塊が残る。この蝋塊は思いのほか硬い。鳥が好み、各地に種子散布されて繁殖している。

花は芳香があり、昆虫が集まる

核果
種子
果軸

★ 葉柄や脈上に数個の腺点

上面は深い溝

★★ 基部縁（ときに葉柄）から三行脈

果軸が甘く熟す

長い三角形の単鋸歯

表

葉の長さ 10〜25 cm

都市では少ないが、比較的大きな木が残されている。

ケンポナシ

クロウメモドキ科　*Hovenia dulcis*

北海道南部〜九州産
主な人為拡散域：北海道中南部〜九州
雌雄同株・同花／花期：6-7月
果熟期：9-10(-12)月

単葉
単鋸歯
互生

被子植物

落葉広葉高木

　樹形はクヌギのように剛直。樹高は25〜30 mに達す。果実が熟すころ、果軸の一部が肉質に節くれた指のように膨らみ、ナシとイチゴの中間のような甘い香りと甘みがあって食べられる。人間はあまり食べない。落果してシワシワになり、ついに我が人生も終わったかと思うころ、濃縮果汁が充満し、熟し切った陶酔的な甘さがある。別種ケケンポナシ *H. tomentella* は本州西部〜九州に生え、鋸歯が低く目立たず、核果の表面に毛が密生する。

白くない
うら
葉は互生し、比較的薄い
脈上と脈腋に毛、脈間は無毛
樹姿

【似ている樹種：148 シナノキ、233 ハンカチノキ】

若い核果
やがて赤黒く熟す

果実になりかけの花

蝋を塗ったような黄緑色

★★
顕著な三行脈
両面に光沢が強い

花

棘の根元に周回する突起がある

核
長径 1.5 〜 1.8 cm

鋸歯は低く、弓なりの背がある

表

葉の長さ
2 〜 6.5 cm

果実は光沢が強く、秋、濃い血紅色に熟す。

ナツメ
(ヤマナツメ)
クロウメモドキ科　*Ziziphus jujuba*

外国産 (中国ほか)
主な人為拡散域：北海道中部以南
雌雄同株・同花／花期：(5,)6-7,(8) 月
果熟期：(9,)10-11 月

先は丸いか少し凹む

うら

別種テンダイウヤクの葉
うらは白い

緑色、白くない
樹姿

単葉	
単鋸歯	
互生	

被子植物

落葉広葉中高木

庭や公園、社寺などに植えられる。樹高は普通 2 〜 7 m。葉は落葉樹にしては光沢が強く、小さめで薄く、微風にもはためく。果実の中にはモモのような深い凹凸のある核があり、先太りか楕円形で先端が鋭く痛い。基部に、猫が舌をしまい忘れたような帯がある。庭木として植えられるものは棘が少ない。別種テンダイウヤク *Lindera strychnifolia* はクスノキ科の常緑樹で、中国産の帰化種。庭や公園、植物園などに植えられる。葉の表はナツメに似るが、うらは白くて長毛が散生する。

黄葉期の樹冠

★★ 不揃いな偶数羽状複葉
小葉は約8〜14枚

両面無毛、
基部は小葉柄
に沿う

軸の上面は凸形、
短毛あり

核果

小葉柄は短い毛があり、
葉軸への合着点は広がる

若い核果

表

葉の長さ
30〜60 cm

春の芽出しは比較的遅く、初冬、都会でも黄葉が美しい。

ムクロジ

ムクロジ科　*Sapindus mukorossi*

関東以西産
主な人為拡散域：東北南部以南
雌雄同株・異花／花期：6月
果熟期：10-12月

偶数羽状
全縁
互生

被子植物

落葉広葉高木

公園や社寺、旧家などに植えられる。樹高は普通8〜20m、大木は関東地方以西、特に西日本に多く、30mを超える。果皮は半透明でやや硬く、網目状の大きなしわがあり、冬めくころ光沢のある深黄色〜茶黄色に熟し、鈴なりに垂れ下がる。その中に羽子板の玉に今も使われる黒い核が1つあり、落果したころは中で分離してコロコロする。葉をもむ瞬間、火薬のような刺激臭がある。黄葉は干しわらのような香ばしい匂いがあり、枝を削るとキャベツの芯のような野菜風の香りがある。

【似ている樹種：268 ハゼノキ、270 ヤマハゼ】

側脈は開出し、
先端へ向かう

若い木の葉、
先が長い

うら

樹冠

253

果皮

花序

冬芽は大きくて粘る

★ 側脈間の細脈の凹凸は目立たない

果皮に棘はない、種子天頂に突起がない

表

★★ 4〜8重鋸歯で、大きなものは突出しない

街路や公園などに植えられるが、街路では大きすぎる。

トチノキ

トチノキ科 *Aesculus turbinata*

掌状複葉
重鋸歯
対生

北海道南部〜九州産
主な人為拡散域：北海道中北部〜九州
雌雄同株・同花および雄花
花期：5-6月／果熟期：9-10月

小葉の長さ 8〜32 cm

5〜7枚の掌状複葉

冬の樹姿

脈上に毛が密、葉腋の毛は早落

うら

夏の樹姿

被子植物

落葉広葉高木

幹は直立し、樹形は端正に整う。乾燥しがちで痩せた土壌にも強く、樹高は普通7〜15 m、巨木は北海道と沖縄をのぞく全国にあり、40 mに達する。種子はクリの果実に似るが、先端に突起を持たず、色褪せないで美しい。しかし、そのままでは恐ろしくこわい。一度、生食してみるとよい。夏過ぎ、特に都市で、トチノキヒメヨコバイをはじめとするヒメヨコバイ類の吸汁害で葉が黄化する。人為的に植え過ぎであることや天敵とのバランスなど、都市生態系の異常も一因である。

【似ている樹種：70 ホオノキ、255 セイヨウトチノキ】

別種ベニバナトチノキの花序

セイヨウトチノキの品種の花序

果皮に鋭い棘が多くあり痛い

★ 側脈間の細脈の凹凸が大きい

★★ 不揃いな4〜8重鋸歯で、大きなものが突出

表

蒴果

小葉の長さ7〜20cm

ヨーロッパ各地の都市を連想させる樹。
セイヨウトチノキ
（マロニエ、ウマグリ）
トチノキ科　*Aesculus hippocastanum*

外国産（中央ヨーロッパ）
主な人為拡散域：北海道〜九州
雌雄同株・同花および雄花
花期：5-6月／果熟期：9-10月

掌状複葉

重鋸歯

対生

公園などに植えられる。樹高は普通5〜20mで、葉はトチノキより少し小さく、冬芽は粘らない。たくさんの花序がつく。アンネ・フランクも隠れ家から見ていたという。ベニバナトチノキ *A.* × *carnea* は公園や街路、庭などに植えられる中高木で、花は薄紅色〜紅橙色など様々。果皮に少しの小棘があり、セイヨウトチノキに比べると中途半端にとげとげしい。花が赤紅色で北アメリカ産の別種アカバナアメリカトチノキ *A. pavia* とセイヨウトチノキとの雑種とされる。

【似ている樹種：254 トチノキ】

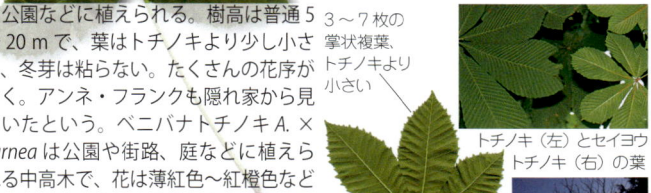

3〜7枚の掌状複葉、トチノキより小さい

トチノキ（左）とセイヨウトチノキ（右）の葉

うら

脈上、脈腋に長毛、次第に落ちるが目立つ

冬の樹姿　直立する

被子植物

落葉広葉高木

葉と若い翼果

翼果 隆々として大きい

無毛

翼果

★★ 単鋸歯または重鋸歯で、細かく整う

葉が大きくてモミジらしく、庭などに植えられる。

オオモミジ

カエデ科 *Acer amoenum* var. *amoenum*

北海道〜九州（日本海側は主に福井県以西）産
主な人為拡散域：北海道〜九州
雌雄同株・同花および雄花
花期：4-5月／果熟期：7-10月

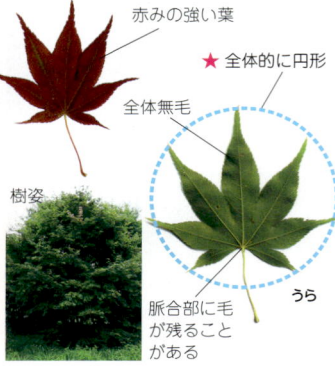

単葉
半陰樹陽
対生

被子植物

落葉広葉高木

裂片は、最大部で側縁が互いに重なる

表

葉の長さ
8〜18cm

赤みの強い葉

★ 全体的に円形

全体無毛

樹姿

脈合部に毛が残ることがある

うら

樹高は普通4〜8m、大きいものは関東地方以西、特に西日本に多く、高さ20mを超す。枝振りは荒く、葉先や葉柄、若枝が赤みを帯びるものが多い。翼果は大きく、初夏、紅色に染まって美しい。葉が特に大きい品種をホロナイカエデ f. *horonaiense*、切れ込みが深い品種はフカギレオオモミジ f. *palmatipartitum* とするが、葉の形態変異は多様で、都市緑化では区別せず扱うことが多い。ヤマモミジはオオモミジの変種とされている。

【似ている樹種：257 ヤマモミジ】

果柄は堅いが長く、立ち上がらない

花は赤く、数多く咲く

★ 頂裂片だけが突出することはなく、全体的に円形

★ 欠刻状の重鋸歯

葉が大きく、幾重にも重なる雰囲気がイロハモミジと異なる

翼果

表

葉の長さ 6〜12 cm

★ 無毛で強い

イロハモミジ似の欠刻状重鋸歯、オオモミジ似で葉の輪郭が丸い。

ヤマモミジ

カエデ科 *Acer amoenum* var. *matsumurae*

近畿以北の日本海側ほか
主な人為拡散域：中国日本海側〜関東南部以北
雌雄同株・同花および雄花
花期：4–5月／果熟期：(8,)9–10月

単葉

重鋸歯浅裂

対生

被子植物

落葉広葉高木

イロハモミジの変種とする場合もあるが、近年はオオモミジの変種とすることが多い。樹高は普通5〜10m、高いものは20m以上。自生では日本海側の福井以北に分布するとされる。都市緑化では、葉が大きいものを単にヤマモミジと呼び慣わしている。これらは枝振りも荒々しく幹の肥大成長も早いが、個体差が大きく、イロハモミジも混在する。葉が比較的大きく葉身が全体的に円形、葉柄の弾力性が強く、翼果の多くが下向きにつくものが一般的なヤマモミジである。

主脈合部に縮毛

うら（着葉枝）

2番目の側裂片が力強く見える

樹姿

無毛 脈沿いなどに毛が残ることがある

【似ている樹種：258 イロハモミジ、259 コハウチワカエデ】

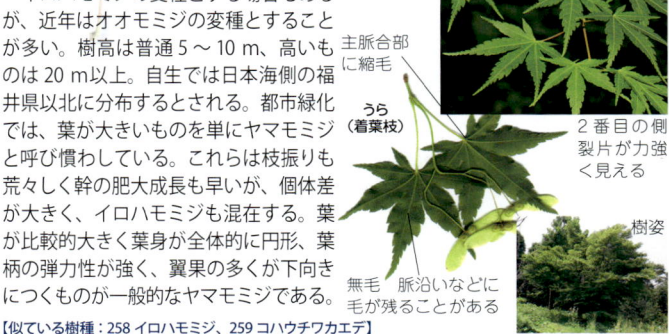

枝葉は横に広がり、仰げば美しい

翼果 果柄は堅く、垂れないものが多い

★ 欠刻状の重鋸歯

両性花 赤みを帯びる

★★ 頂裂片が突出し、全体的にダイヤ形

★★ 葉が小さい

表

葉の長さ 4.5〜12 cm

無毛

石にも水にも、都市にも山にも人にも、八方に見合う。

イロハモミジ
（タカオカエデ）
カエデ科　*Acer palmatum*

単葉／重鋸歯浅裂／対生

東北南部〜九州（特に太平洋側）
主な人為拡散域：東北中部以南
雌雄同株・同花および雄花
花期：4-5月／果熟期：8-10月

被子植物／落葉広葉高木

樹姿

主脈合部のみ縮毛

うら（着葉枝）

樹高は普通 3〜7 m、大木は関東地方以南に多く、高さは 25 m を超す。全体的に葉が小さく、大枝が横に伸びて棚状に広がる葉のスクリーンをつくる。春も夏も秋も、この葉漏れ日には、例えがたい風情がある。成長は遅く、手をかければかけるほど美しく育つため、古くから庭園や公園などで親しまれる庭木の女王である。カエデ科では、イロハモミジとオオモミジ（ヤマモミジを含む）の2系統のみがモミジの名をもらい、他のカエデ類はすべてカエデという名がつく。

【似ている樹種：257 ヤマモミジ、259 コハウチワカエデ】

葉柄は有毛

脈腋の毛は最後まで残る

裂片基部はすき間がない

裂片は7〜9(,11)裂

葉は横一面に並ぶ

翼果

表

葉の長さ7〜13cm

★★ 葉身と同長 〜1/2

★ 全体または端部に毛

庭木や盆栽などに使われ、公共空間では多くない。

コハウチワカエデ
（イタヤメイゲツ）
カエデ科　*Acer sieboldianum*

東北〜九州産
主な人為拡散域：北海道南部以南
雌雄同株・同花および雄花
花期：5-6月／果熟期：(6,)7-9月

単葉

重鋸歯浅裂

対生

慢心の化身、天狗様が手にしている葉団扇。その小さいもの、ということになる。山では林縁や林内で、斜上して生育しているのを見る。あまり高くならないが、大きいものは15mを超す。裂片の短いものや、ヤマモミジと見違えるほど裂片が長いものまで変異があり、日本海側のものはヤマモミジに似るように思う。別種ハウチワカエデ *A. japonicum* は葉柄が葉身の1/2以下、裂片は7〜11裂。別種ヒナウチワカエデ *A. tenuifolium* は、裂片の基部に隙間があく。

別種ハウチワカエデ

長さは、葉身の1/2以下

うら

樹姿

基部裂片は近接する

【似ている樹種：257 ヤマモミジ、258 イロハモミジ】

被子植物

落葉広葉高木

259

両性花 雄しべは小さく、雌しべがある

雄花 雄しべが長く、雌しべはない

葉のうら、明るい樹冠をつくる

翼果

★★ 全縁

表

葉の長さ 7～30cm

肌は若くても、体は正直に腐朽していく。

イタヤカエデ

カエデ科　*Acer pictum*

北海道～中部(日本海側)産
主な人為拡散域：北海道～九州
雌雄同株・同花および雄花
花期：4–5月／果熟期：(8,)9–10月

単葉

全縁浅裂

対生

被子植物

落葉広葉高木

別亜種エンコウカエデ

★ 淡緑色で白くない、微光沢

うら

主脈腋に毛があるが、ほぼ無毛

無毛、断面はほぼ円形

樹姿

樹高は普通10～18m、大木は東北地方の日本海側に多く、高いものは25mを超す。通称イタヤカエデは、アカイタヤ subsp. *mayrii*、エンコウカエデ subsp. *dissectum* f. *dissectum*、ウラゲエンコウカエデ subsp. *dissectum* f. *connivens*、オニイタヤ subsp. *pictum* f. *ambiguum* などの総称。公園や庭などでは主にアカイタヤとエンコウカエデ、ウラゲエンコウカエデが植えられている。かなりの老齢木でも幹が明るく平滑で、若い個体に似た白い肌をしているが、腐朽が入りやすく、大木は樹洞があることが多い。

【似ている樹種：94 タイワンフウ、285 ハリギリ】

冬を待つ側芽　粉を吹く

初夏の葉、
みずみずしく薄い

細かい
2〜5
重鋸歯

翼果　夏、次第に熟す

★3〜7裂

表

葉の長さ
8〜22cm

若い樹皮はトノサマガエルに似ている。

ウリハダカエデ

カエデ科　*Acer rufinerve*

本州〜九州産
主な人為拡散域：北海道南部〜九州
雌雄異株ときに同株・異花
花期：5月／果熟期：7-9月

単葉

重鋸歯浅裂

対生

★★
先端は尾状、最先
端の裂片は大

翼果

うら

脈腋に橙色
の縮毛

葉は対生し、横
に広がってつく

被子植物

落葉広葉高木

　林縁や林道沿い、斜面下部などによくみられ、樹高は12mを超えるが大木にならない。都市では公園や庭、オフィス街、飲食店などに植えられるが、関東地方以西の平野部では成長がよくない。アオギリほどではないが、枝の表皮の葉緑素が比較的長く残る。この若い樹皮がマクワウリに似ているといわれればそうかも知れないが、マクワウリを食べたことがない。緑色型トノサマガエルやトウキョウダルマガエルの背中に似ている。

261

若い翼果

雄花

幼い翼果

翼果

紅葉

葉うら

雄花と幼い翼果

あまりとがらない

表

普通3裂

強健で都市環境にも耐え、街路や公園に多い。 ★★ 全縁ときに低い鋸歯

トウカエデ

カエデ科　*Acer buergerianum*

外国産(中国、台湾)
主な人為拡散域：北海道中南部以南
雌雄同株・異花／花期：4(,5)月
果熟期：9-10(,11)月

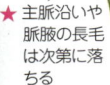

単葉
全縁浅裂
対生

被子植物

落葉広葉高木

無毛で長く、上面は溝に

葉の長さ
5〜15 cm

帯白緑色

うら

普通、鋸歯はない

★ 主脈沿いや脈腋の長毛は次第に落ちる

樹形は端正

樹高は約7〜12 m、大きいものは関東地方などにあり20 mを超える。初冬の紅葉は美しく、強健で都市環境にも強く、街路や公園に多く植えられている。幹は比較的細く、若いころから鱗片状に激しくささくれる。葉は普通鋸歯がないが、下層枝や徒長枝の葉、若木の葉には、低くて先が丸い鋸歯がある。葉の色が淡いものや白桃色を帯びたものなど、いくつかの園芸品種が流通している。フウ類とは違い、葉をもんだときの匂いは弱い。

【似ている樹種：94 タイワンフウ、263 ハナノキ】

若い翼果

少し紅葉している

浅裂しない葉

裂片の先端はとがる

表

★★ 単〜3重鋸歯

スペード形または3裂

よくとがる

葉うら

雄花

葉の長さ 7.5〜15 cm

無毛で長い

春、葉より早く、紅色のマンサクに少し似た花を開く。

ハナノキ
（ハナカエデ）
カエデ科　*Acer pycnanthum*

岐阜・長野・愛知県（局所的）産
主な人為拡散域：北海道南部〜九州
雌雄異株／花期：3-4月
果熟期：5-6月

単葉
単〜重鋸歯
対生

葉

うら

うらは白い

★ 主脈沿いに長毛、脈腋は密生

紅葉初期の樹姿

被子植物

落葉広葉高木

樹高は普通6〜15m、大きなものは20〜25mに達する。秋の紅葉は葉の先から染まるように赤くなり、巧妙なグラデーション。冬の芽も、赤褐色に輝いてきれい。幹や枝は太くて力強く、樹形は端正。自生は局所的な希少種だが、増殖され、公園や学校、ときに街路などにも植栽されている。葉をもむと、キュウリの皮のような弱い青臭さがある。別種アメリカハナノキ（ルブラカエデ、ベニカエデ）*A. rubrum* は、葉が5裂に近い3裂〜7裂で、小枝や冬芽の赤味が強い。

【似ている樹種：262 トウカエデ】

263

花は若葉とともに咲く

★★
ときに粉を吹き、ほぼ無毛、断面は丸い

雄花

白斑入り品種
'ヴァリエガツム'

尾状に長くとがる

ほぼ無毛

小葉は3〜7(9)枚と少なめ

表

街路や公園などに植えられる。

奇数羽状
単鋸歯
対生

ネグンドカエデ
(トネリコバノカエデ)
カエデ科　*Acer negundo*

外国産(カナダ、北アメリカ)
主な人為拡散域：北海道以南
雌雄異株／花期：(3,)4-5月
果熟期：9-10月

小葉の長さ
5〜15 cm

★★
大きな欠刻状の単鋸歯

うら

葉

脈腋や主脈沿いなどに長毛

下枝がよく残る

被子植物

落葉広葉中高木

近年は戸建住宅の庭などによくみられる。葉は形状に変異があり、白色や白桃色、淡黄緑色など斑入りの品種が流通する。樹高は普通4〜10 m、成長すると20 mになる。実生でよく繁殖するため、都市生態系への影響に注意を要する。羽状複葉だが、複葉が対生すること、青白く粉を吹く葉軸の質感、春の雄花はカエデ科らしい。葉をもむと、ソラマメの皮とレタスを混ぜてつぶしたような青臭い香りがある。小枝や葉柄は粘り強く、片手の指では簡単に手折れない。

雌花序

雄花序
雄しべが長い

葉と果序
葉は側脈が目立つ

小葉は約 (3)5
〜 9(15) 枚

若い**核果**
カメムシがいる

★ 葉軸や小葉柄
に白い軟毛

★★
幅広く革質、
にぶい光沢

表

小葉の長さ
6 〜 14 cm

漆の採取のために植えられた外来種。

ウルシ

ウルシ科　*Rhus verniciflua*

外国産 (中国)
主な人為拡散域：北海道南部〜九州
雌雄異株／花期：5-6(,7) 月
果熟期：8-9 月

奇数羽状

全縁

互生

被子植物

落葉広葉中高木

　樹高は普通 5 〜 10 m で、大きなものは 15 m を超える。大枝が横にのびて、大きな樹冠をつくる。漆の採取のために植えられた中国原産の樹木で、今も民家や里山に残っている。江戸時代の有用植物、四木三草の一つ。ヤマウルシに比べると、圧倒的に少ない。材は美しくて腐りにくく、果実から蝋を採取するなど昔からの有用樹だったが、現在は振り向きもされないばかりか、かぶれるため好かれない。葉を折ると白濁液が流れ、短時間で黒化する。

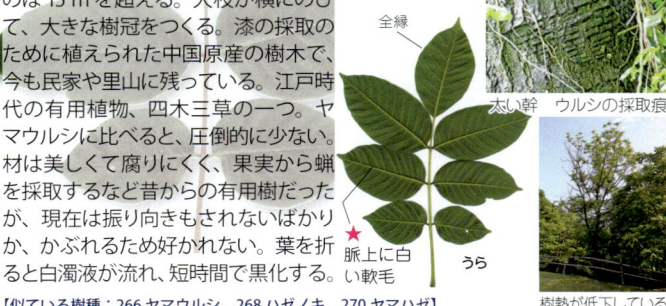

全縁

太い幹　ウルシの採取痕

★ 脈上に白
い軟毛

うら

樹勢が低下している

【似ている樹種：266 ヤマウルシ、268 ハゼノキ、270 ヤマハゼ】

265

盛りの雌花序

やや柱頭が大きくなった雌花

葉軸は有毛、普通赤みがある

★ 小葉柄は有毛で短い、上面に溝、普通赤みがある

果皮には棘のように目立つ毛がある。

★★ 丸い卵形〜楕円形

葉は枝先に集まる

小葉は約9〜17枚

表

ヤマウルシ

ウルシ科　*Rhus trichocarpa*

北海道〜九州産
主な人為拡散域：北海道〜九州
雌雄異株／花期：5-6月
果熟期：8-10月

小葉の長さ 3.5〜15 cm

奇数羽状
全縁
互生

被子植物
落葉広葉中高木

全縁（若木には不揃いな鋸歯）

うら

枝を切ると、維管束付近が黒く変色

両面の脈上や葉縁に軟毛

最基部の1対が最も小さい

紅葉初期の樹姿

かぶれる。公園や里山の林縁などで、樹高1〜3mのものをよく見るが、都市では少ない。高くても5〜8m程度。初夏、細かい花が集まった花序が葉の下に咲く。これはシソの花のようで、ハシで醤油にこすぎ落とすと食べられるかも分からないが、かぶれるかも知れない。果実は秋、熟すと裂落し、縦溝のある白い蝋物質が現われる。この蝋物質を取り去ると、ひょっとこ顔で素敵な核がある。枝を削ると白っぽく、家具屋の弱い匂いがする。

【似ている樹種：265 ウルシ、271 ヌルデ】

果序

若い核果

核
長径約 4〜5 mm

蝋物質で被われる

果皮に棘状の毛

果序

紅葉期の葉

葉軸や葉柄、小葉柄、新芽などは赤いことが多い

葉は枝先に集まる

若木の小葉には大きな鋸歯

被子植物

落葉広葉中高木

267

葉は羽状複葉で互生　枝先に集まる

葉と若い核果

ほぼ無毛（葉うら）

★ ほぼ無毛
強い側脈の間に弱い側脈

★★
卵形　次第に、ほぼ無毛

ほぼ無毛

小葉は普通11枚以上

表

果皮に毛はなく、光沢がある。

ハゼノキ
（ハゼ、リュウキュウハゼ、ロウノキ）
ウルシ科　*Rhus succedanea*

四国以西産
主な人為拡散域：関東以西
雌雄異株／花期：5-6月
果熟期：9-11月

小葉の長さ
5～12cm

全縁

伸び盛りの新梢
毛はほとんどない

うら

樹姿

奇数羽状
全縁
互生

被子植物

落葉広葉高木

樹高は普通10m未満、大きなものは関東地方以南に多く、20～25mになる。都会でも秋の紅葉が美しく、庭や公園などによく植えられる。かぶれるといわれるが、かぶれない人も多い。果実に充満している繊維状の蝋質を爪などでかき取ると、淡黄褐色～褐色で、薄く光沢がある核が一つ現われる。これはネズミやキツネの小判といわれ、時折、地面に山積みに置いてあり微笑ましい。葉を折ると白濁液が出て、短時間で黒色に変化する。葉をもむと、青いトマトのような香気がある。【似ている樹種：265 ウルシ、270 ヤマハゼ】

頂芽

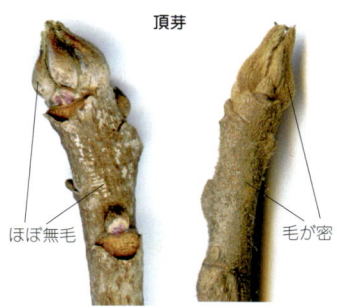

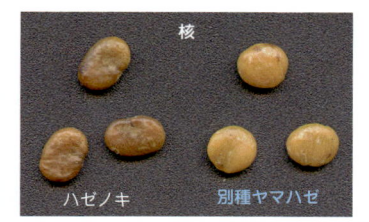

ほぼ無毛 — ハゼノキ
毛が密 — 別種ヤマハゼ

若い核果

核
ハゼノキ　別種ヤマハゼ

果序　径約8〜11mm

★★ 果軸は無毛

紅葉（小葉）

水辺の樹姿

都心でも美しく紅葉する

被子植物

落葉広葉高木

269

★★ 果軸は有毛

果序（核果）
径約8〜9mm

側脈は突出

頂芽付近　毛が密生する

小葉は普通7-15枚

★★ 有毛　両面がサワサワした感触

★ 毛が密、赤みを帯びることが多い

表

小葉の長さ4〜15cm

都市でハゼノキと同様に植えられる。

ヤマハゼ
（ハゼ）
ウルシ科　*Rhus sylvestris*

関東〜九州産
主な人為拡散域：東北中部以南
雌雄異株／花期：5-6月
果熟期：10-11月

奇数羽状
全縁
互生
被子植物
落葉広葉中高木

毛は直立し、折り曲げないと見にくい

全縁

うら

樹姿

毛が多い。樹高は普通5〜8mで、高いものは10mを超え、20mに達するものもある。都市公園などでハゼノキと同じように植えられており、自生のものもみられる。暖帯の都市ではハゼノキほど美しく紅葉せず、すす病に罹りやすい。枝を切ると師部から液がにじみ、乾くと黒くなる。ひどくかぶれる人がいるらしいが、葉に触れたり、枝を折り千切ってこすっても、かぶれたことはない。葉をもむと繊維が若干強く、青いトマトのような香気がある。秋の落葉は、比較的早い。

【似ている樹種：253 ムクロジ、265 ウルシ、268 ハゼノキ】

ダニの虫えい(ヌルデハイボケフシ)

枝振りと花序

枝を切ると、やがて
維管束付近が黒くなる

小葉は約7～
13枚

★両面の脈と縁に
毛が密、サワサ
ワとした手触り

表

★★葉軸は有毛で、
翼がある

庭などに植えられることは少なく、雑木として。

ヌルデ
(フシノキ)
ウルシ科　*Rhus javanica*

北海道以南産
主な人為拡散域：北海道以南
雌雄異株／花期：(7,)8-9月
果熟期：10-11月

小葉の長さ
5～11cm

奇数羽状

単鋸歯

互生

樹高は普通5～6mで、高いものは
10mを超える。葉は薄く、葉軸に緑色
の翼がある。虫こぶができやすく、これ
がかぶれたように見えることと、ウルシ
科であることから、何となく敬遠される。
あまり庭などに植えられることはなく、通
常は雑木として扱われている。葉を取る
と白乳液が出て、無臭。普通はかぶれない。
葉のうらには、かたい物で文字を書くこ
とができるが、切り口がいつまでもべと
つくため、何か字を書いても楽しくない。
枝を削っても、匂いはほとんどしない。

荒い単鋸歯

うら

核果は有毛　次第に
黄茶褐色に熟す

小葉柄はほ
とんどない

果序　ナミテントウは
どこにいるでしょう？

【似ている樹種:222 オニグルミ、223 サワグルミ、266 ヤマウルシ】

被子植物

落葉広葉中高木

葉

核果

全周に稜
上面などに毛

熟しはじめの果序

★★ 偶数羽状複葉に見えるが、少しずつずれる奇数羽状複葉

両面無毛

表

小葉の長さ
5～10cm

天空をつかむように枝を大きく広げる。

カイノキ
（ランシンボク）
ウルシ科　*Pistacia chinensis*

外国産（中国、台湾）
主な人為拡散域：東北中部以西
雌雄異株／花期：4-5月
果熟期：10-11月

奇羽状
全縁
互生

被子植物

落葉広葉高木

白くない
脈が透ける

遠目には偶数羽状
複葉に見える

うら

樹姿
2本

　学問の聖木。樹高は30mを超え、主に西日本各地の公園や孔子廟などに植えられる。孔子の墓所に植えられたといい、東京の湯島聖堂には大木がある。この聖木の葉の香りは、独特で気高くて青くさく、嗅ぐと確かに脳天に衝撃を受ける。ニワウルシの香ばしさにも似て、大木では夏から秋めくころ、一帯に香りが漂う。食用のピスタチオは同属で南ヨーロッパ原産。ピスタチオの実(種子)と異なり、カイノキの果実は小さくて侘びしい。小枝を削ると、カヤに似た青臭さが強烈である。

【似ている樹種：273 ニワウルシ】

大きな樹冠をつくる

雄花
雌しべがない

葉は大きく、小葉基部
鋸歯の腺点が目立つ

小葉は約 9 〜 25 枚

先端の一葉を欠き、偶数羽状に見えることも多い

身を節約したワンタンのよう

翼果

落果

表

主脈上に毛

小葉の長さ 7 〜 15 cm

実生による繁殖力が強く、各地で野生化している。

ニワウルシ
(シンジュ)
ニガキ科　*Ailanthus altissima*

外国産 (中国)
主な人為拡散域：北海道以南
雌雄異株／花期：6-7(,8) 月
果熟期：8-10 月

奇数羽状
単鋸歯
互生

被子植物
落葉広葉高木

樹高は普通 6 〜 12 m、高いものは 20 m 以上になる。かぶれない。街路や公園などに植えられ、若い木では葉が羽状に規則正しく整列し、先のとがった小葉が線形に長く垂れてヤシ類を思わせる樹形になるが、壮老木では小葉が倒卵形となり、この特徴は目立たない。葉をもむと、だだちゃ豆によく似た香ばしい匂いがある。夏の花のころ、若い群落周辺には葉に似た独特の香りがただよう。幹を削ると、チャンチン *Toona sinensis* のようなエグい香りがある。【似ている樹種：272 カイノキ】

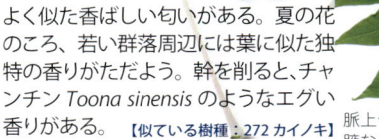

★★
基部に腺点を伴う鋸歯が 1 〜 2 対

うら

秋、雌木には茶色の翼果が垂れる

若木の葉はヤシ類のように元気に伸びる

脈上や主脈腋などに毛

葉は二、三回奇数羽状複葉で60cm以上になる

鋸歯は大きく丸い

葉軸断面はW字形

核果は表面に皮目のような点が散在

★光沢がある

初冬の樹姿　樹上に核果が残っている

★★薄くほぼ無毛、平面的につく

成長が早く、都市公園などで大きく育つ。

センダン

センダン科　*Melia azedarach*

奇数羽状
単葉〜全縁
互生

東海・四国・九州以西産
主な人為拡散域：東北南部以南
雌雄同株・同花／花期：(3-)5-6月
果熟期：12(,1)月

小葉の長さ3〜7cm
表

被子植物
落葉広葉高木

若い幹は黒々と艶がある

夏の樹姿

長く尾状
主脈が浮き出す

うら
晩落性の星状毛が散生

樹高は普通約8〜12m、大きいものは東海地方以西に多く、20〜30mになる。葉の匂いは弱い。諺「栴檀は双葉より芳し」はインド原産の別科別種ビャクダン *Santalum album* で、日本には自生しない。葉軸をもんだり枝を削ると青臭く、微かに落花生に似た匂いがある。熟すころの果実には、若い銀杏のような耐え難い刺激臭がある。冬芽はネコの乳首の先のような半球状。葉痕は橙褐色で大きく、E・ムンクの叫び形〜サル顔形で珍妙。春の芽出しは遅い。

【似ている樹種：294 シマトネリコ】

液果は枝先で勢いよく熟す

若い**液果** 扁平で、小振りなミカンの雰囲気

微小な**腺点**が多い 肉眼で見える

葉の長さ 3〜8cm　表

★★ 翼は狭く、目立たない

花

野生のタチバナは絶滅が危惧されている。

タチバナ
(ヤマトタチバナ、ニホンタチバナ)
ミカン科　*Citrus tachibana*

東海中部以西(局所的)産
主な人為拡散域：関東中部以西
雌雄同株・同花／花期：5-6月
果熟期：(9,)10−12月

単葉 / 全縁〜単鋸歯 / 互生

被子植物 / 常緑広葉中低木

うら　丸いか凹む

大きな**腺点**が鋸歯になる(特に先半分)

枝と葉

樹姿 枝は強い

樹高は普通4m以下で、大きなものは6m前後になる。ウンシュウミカンの原産を国外とするならば、タチバナは本土では唯一の日本原産ミカンである。葉は常緑で端正、枝は緑色で強く勢いがあり、そのいただきに香り高き花を開き、果実を捧ぐ。古来、永遠の繁栄の代名詞に使われてきた。開花はミカン類としては遅く、大正初期の唱歌「鯉のぼり」♪橘薫る朝風に♪は、旧暦で祝う地方でちょうどよいころであった。葉をもむと、ウンシュウミカンの皮に似た青い匂いがある。【似ている樹種：276 ミカン】

熟した液果
普通種は樹上に春まで残る

若葉が多い元気な木に、ナミアゲハなどのアゲハ類が来る

液果

翼は目立たない

若い液果

★ 葉は大きめやや薄く波打つ

葉形は乱れ主脈は湾曲しやすい

表

葉の長さ
8〜25 cm

受粉せずに結実するため、通常は種子ができない。

ミカン
（ウンシュウミカン）

ミカン科　*Citrus unshiu*

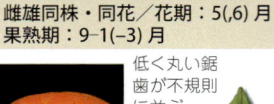

九州南部産または外国産(中国)
主な人為拡散域：東北南部以南（品種による）
雌雄同株・同花／花期：5(,6)月
果熟期：9-1(-3)月

単葉

銀縁・鋸歯縁

互生

被子植物

常緑広葉中低木

液果の先端は、滑らかに凹む

低く丸い鋸歯が不規則に並ぶ

うら

樹姿

葉柄の翼や枝の棘は、ほとんど発達しない。都市では観賞用に庭や公園などに植えられ、結実し食べられる。樹高は普通2.5 m以下で、高くても4〜5 m前後。品種が多く、秋に熟す早生と冬に熟す普通種とに大別され、普通種は葉が大きい。葉をもむと、ミカンの皮の香りがする。別種キシュウミカン *C. kinokuni* は中国産で、果実の径4〜5 cm以下と小さく、受粉して各房に種子ができる。樹高は低いが大木になり、葉は細身で小さく、植栽は少ない。

【似ている樹種：277 ナツミカン、278 ユズ】

原種に近い液果は手触りが堅く、凸凹が大きい

萼にアリが来ている

花は端正で大きい

丸いか凹む
微小腺点が、肉眼で見える

★★
葉は大きい

葉の長さ
8〜17 cm

★★ 翼は狭いが、原種に近いものはスペード形で大きい

原種に近いものは酸味が強く、近年の流通は少ない。

ナツミカン
（ナツカン、ナツダイダイ）
ミカン科　*Citrus natsudaidai*

不詳：山口県漂着説
主な人為拡散域：東北南部以南
雌雄同株・同花／花期：4-6月
果熟期：3-5月

単葉
全縁〜鋸歯縁
互生

被子植物

常緑広葉中低木

庭や公園、学校などに植えられ、樹高3〜6m以上になる。都市では甘夏ミカン(カワノナツダイダイ)とその品種が多く植えられる。これらは、ナツミカンと似て果皮の凸凹が目立つものや、新甘ナツと呼ばれる凸凹の少ないものがある。寒害を受けやすく、東京付近では収穫期の晩春まで待てず、冬の間に苦みがつく。そのため、冬将軍の本隊が来る前に収穫し追熟させる。枝の棘の多少、葉柄の翼の大小には変異がある。葉をもむと、ナツミカンの酸っぱ苦い芳香がある。【似ている樹種：276 ミカン、278 ユズ】

葉 　原種に近いものは棘が多い

大きな腺点が低い鋸歯に

うら

樹姿

花

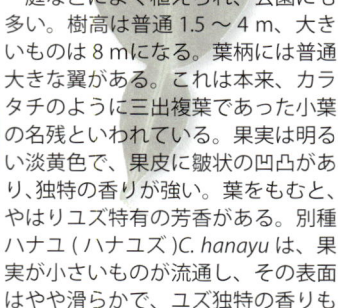

花と萼

★ 翼は広い軍配形〜狭いものまで

大きな**腺点**が凹み、低い鋸歯になる

寒さに強く、全体にユズの香り。

ユズ
（ホンユズ）
ミカン科　*Citrus junos*

外国産（中国）
主な人為拡散域：東北中北部〜九州
雌雄同株・同花／花期：(4,)5(,6)月
果熟期：11−2(−4)月ほか

★★
葉は大きめ、もむとユズの香り

表

腺点がちらばる

葉の長さ
7〜14 cm

葉柄の翼が狭い葉

先端はとがらない

うら

棘は長く鋭く、太枝に残ることも多い

単葉

全縁〜鈍鋸歯

互生

被子植物

常緑広葉中木

庭などによく植えられ、公園にも多い。樹高は普通1.5〜4 m、大きいものは8 mになる。葉柄には普通大きな翼がある。これは本来、カラタチのように三出複葉であった小葉の名残といわれている。果実は明るい淡黄色で、果皮に皺状の凹凸があり、独特の香りが強い。葉をもむと、やはりユズ特有の芳香がある。別種ハナユ（ハナユズ）*C. hanayu* は、果実が小さいものが流通し、その表面はやや滑らかで、ユズ独特の香りも弱い。このほか、果実の大きなもの

や棘の少ないものなど品種がある。別種カボス *C. sphaerocarpa* はユズの枝変わりとされ、葉柄の翼は大小多様。果実にはユズよりも顕著な果頂部のふくらみがあり、果皮の凹凸は小さく、ユズ特有の香りがない。

【似ている樹種：276 ミカン、277 ナツミカン】

液果

液果は径 3.5 〜 5cm、表面の凸凹が大きい

別種ハナユ　果皮の凸凹は若干滑らかで、実が小さい品種もある

葉は互生、葉柄の翼は普通広い

別種ハナユ　葉柄の翼は普通狭い

液果の頂部は少し盛り上がる

別種カボス　頂部は大きく盛り上がり、果皮は少し滑らか

被子植物

常緑広葉中木

279

熟した液果

大実品種の液果

★ 翼は狭い

花

★★ 葉は小さい

表

葉柄の翼は、狭いかまったくないものが多い。

キンカン
（マルミキンカン）
ミカン科　*Citrus japonica*

外国産（中国）
主な人為拡散域：東北南部〜九州
雌雄同株・同花／花期：(5,)6-8月（一通年）
果熟期：11-2月（一通年）

両面ほぼ無毛

葉の長さ
5〜9cm

単葉
全縁
互生

被子植物

常緑広葉中低木

直線的にとがり、凹頭

うら

別種マメキンカン

★ ほぼ全縁

大実品種の樹姿

数種の栽培品種があり、葉や果実が大きいものもある。普通1〜2m以下の低木で、大きいものは5mを超える。葉は側脈が目立たない。葉うらの腺点は比較的目立ち、若者はもちろん、老眼でも近視であれば肉眼で見える。葉をもんだときの匂いは、柑橘類としてはかなり弱い。別種マメキンカン（キンズ）*Fortunella hindsii* は中国産で観賞用。果実は1〜1.2cm前後と小さくて少しいびつ。恥ずかしそうな趣がある。棘が多く、樹高は約3m以下、葉も細い。

【似ている樹種：276 ミカン】

葉は三出複葉

若い液果　表面に毛が密

花弁に縦じわ

★狭い倒卵形の翼、鋸歯様の腺点あり

★★三出複葉、小葉柄はほとんどない

低い鋸歯

表

小葉の長さ
2.5〜5cm

花は春、ミカン類の中ではひと足早く咲く。

カラタチ

ミカン科　*Poncirus trifoliata*

外国産(中国)
主な人為拡散域：北海道南部以南
雌雄同株・同花／花期：(3,)4-5月
果熟期：10-11月

三出複葉

全縁〜単鋸歯

互生

被子植物

落葉広葉中低木

　樹高は普通3m以下、ときに3mを超える。花は春、ソメイヨシノが散るころに咲き始める。鋭い大きな棘のある枝が密生し、古くから生垣などに喜ばれたが、その棘が近年の都市では嫌われる。葉をもむとビニールのような青臭さがあり、柑橘らしい芳香は弱い。枝を削っても、ほとんど香らない。カラタチには、カラタチバナ(唐橘)という異名がある。一方、カラタチバナ *Ardisia crispa* はヤブコウジ科の低木であり、またタチバナはミカン科の別種であって、とてもややこしい。

冬の枝と棘

頂小葉が大きい

うら

透かすと明るい腺点

樹姿

若い分果

上面は平坦で有毛

雄花序は4本の雄しべが長い

実殻
冬まで残り、目立つ

分果

ほぼ無毛

側脈は間隔が広く、肋骨状

サルスベリのように、葉は2枚ずつ互生。

コクサギ

ミカン科　*Orixa japonica*

東北～九州産
主な人為拡散域：東北～九州
雌雄異株／花期：(3,)4-5月
果熟期：10-11月

単葉／単鋸歯／互生

被子植物

落葉広葉低木

★★ 主脈と側脈沿いに長い毛、うらだけがほわっとした感触

低い鋸歯と腺点

2枚ずつ互生

★ 透かすと無数の腺点が明るい

うら

表

葉の長さ
5～17cm

樹冠

葉は薄く、光沢が強い。里山の林縁や民家近くなどに見られ、樹高は普通1～3m、高くても5mを超える程度。カラスアゲハの食草。都会の公園などでも、チョウのマニアが植えるなどして唐突にコクサギが現れることがある。葉をもむと、サンショウによく似てさらに刺激の強い香りがあり、これは爽やかな青い芳香である。小枝を削ると、ツンとした青臭さの中に、モクレンにも似た柑橘系の香りがある。

果柄の先で1〜3個に分かれる

種子
黒く光る

果実は2裂開し、種子を1つ下げる

若い実生木など、葉の中央に斑が入る

小葉は約7〜19枚

径約5 mm

表

分果

小葉柄は、ほとんどない

上面は平たく、粗毛または棘

小葉の長さ 1.5〜4 cm

丸みのある鋸歯

春夏は、近寄るだけでサンショウの芳香がある。

サンショウ
（ハジカミ、イボザンショウ）
ミカン科　*Zanthoxylum piperitum*

北海道南部〜九州産
主な人為拡散域：北海道中部以南
雌雄異株／花期：4–5月
果熟期：8–11月

奇数羽状
単鋸歯
互生

うら

凹んで腺点に

別種イヌザンショウの葉、鋸歯は角ばる

小葉は小さい、透かすと腺点が明るい

うらは弱い光沢

葉と分果

高さ3〜6m。若枝に棘が対生するが、棘の多少には個体差があり、棘の少ないものは互生に見える。葉をもむと、強い柑橘系の香りがあり、指に長く残る。品種アサクラザンショウ（ブドウザンショウ）*f. inerme* は果実が大きく各地で栽培され、枝に棘がないので驚く。地上近くの実生株は、黄葉・落葉が遅い。別種イヌザンショウ *Z. schinifolium* は棘が互生し、葉は少し厚くて小細い。別種カラスザンショウ *Z. ailanthoides* var. *ailanthoides* は高木で、小葉が約5〜15 cmと大きい。

被子植物

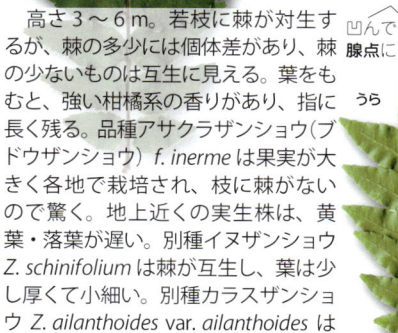

落葉広葉中低木

品種メダラの両性花（雄性期）

雌性期の両性花

品種メダラの液果

冬芽と棘はいずれも痛い　頂芽は上を向いた要塞のような棘で囲まれる

★★
主脈や軸に棘があることが多い

羽片の柄はごく短い

小葉片は普通 (5)7〜15(-19) 枚

表
(小葉)

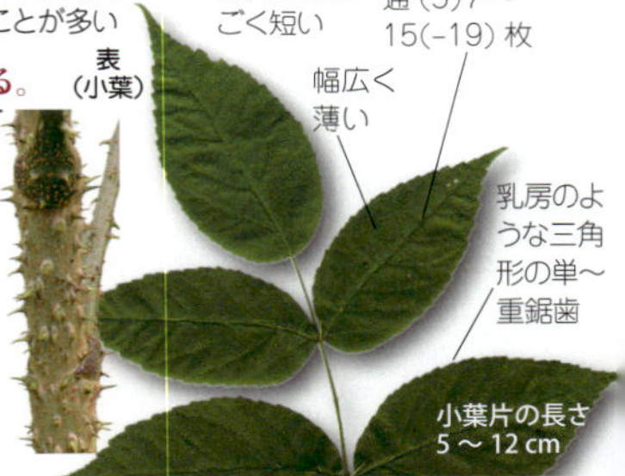

幅広く薄い

乳房のような三角形の単〜重鋸歯

新芽は天ぷらの女王様として人気がある。

タラノキ

ウコギ科　*Aralia elata*

北海道以南産
主な人為拡散域：北海道以南
雌雄同株・同花または雄花
花期：8-9,(10)月／果熟期：10-11月

奇数羽状

単〜重鋸

互生

被子植物

落葉広葉中木

棘のほとんどない別種シチトウタラノキ

毛は疎〜密まで差がある

樹姿

うら
(小葉)

二回羽状複葉

小葉片の長さ 5〜12 cm

樹高は普通 2〜4 m、高いものは 7 m を超える。初期の成長が早い。新芽は美味だが、頂生芽の一部は残さなければならない。公園などに、棘が少ない品種メダラ f. *subinermis* とともに植えられるが、頂生芽を全て盗まれると樹勢が急速に衰える。若い木は小葉片基部の葉軸上に色艶さまざまな屹立する大棘があり、あちこちに棘が乱立して痛い。斑入りの品種もある。三宅島など伊豆七島の一部では、棘がほとんどない別種シチトウタラノキ *A. ryukyuensis* var. *inermis* が自生する。

葉

★★
鋭い三角形の単～重鋸歯

葉は枝先に集まり葉柄は大変長い

5裂の葉（若木）

冬の枝はタラノキに似るが、頂芽付近に要塞のような棘はない

★
脈上などに毛が多いが、脈合部に毛束はない

長く断面は丸く、毛の多少に差異、ときに棘

5～7(,9)裂、先はくちばし状～尾状

表

若い枝にはバラの棘のような大棘が多い。

ハリギリ
（センノキ）
ウコギ科　*Kalopanax septemlobus*

北海道～九州産
主な人為拡散域：北海道～九州
雌雄同株・同花／花期：(6,)7-8月
果熟期：(10,)11-1月

単葉

単～重鋸歯

互生

葉の長さ
20～55cm

枝にはバラの棘のような大棘が乱立し、太い枝では瘤のような痕跡になって残る。壮齢木の幹ではコルク質が発達した縦溝が形成され、棘は分からなくなっていく。大木になり、樹高は普通6～15m、大きいものは30m。公園などに植えられるが、暖帯の都市では比較的少ない。東北地方や北海道などの平地、里山に比較的多く自生し、林間の伐採地や放棄畑などにもよく生える。成長は早い。葉をもむと、やや樹脂くさいリンゴの皮臭がある。

くさび形に切れ込む

うら

淡緑色で光沢あり

若い枝の棘は凄い

樹冠

被子植物

落葉広葉高木

【似ている樹種：152 アオギリ、260 イタヤカエデ】

285

花と若い液果　やがて黒紫色に熟す

両性花

黄葉

裂けない葉

★側脈や網脈が目立つ

厚く、両面無毛

表

日陰でも、端正にまっすぐ育つ。

カクレミノ

ウコギ科　*Dendropanax trifidus*

単葉／全縁／互生

関東中部以西産
主な人為拡散域：東北中南部以南
雌雄同株・同花または異花
花期：(6,)7–9(–11)月／果熟期：11–12月

上面は平坦、中央線と両端に稜

葉の長さ 7 〜 35 cm

裂片基部は鋭く切れ込む

葉は3〜5裂、または裂けない

白くない

うら

樹姿

被子植物

常緑広葉中高木

葉は3〜5分裂するものと分裂しないものがあり、分裂するものは天狗の団扇によく似ているらしい。幼樹の葉は深く裂ける。葉は枝先に多く集まり、枝の下部に行くほど少なくなり、裂片は深く裂け、葉柄が長くなり、日照を得る効率を上げる。こうして日陰に強いため、アトリウムやビル外構、中庭などによく植えられる。樹高は普通3〜7m、高いものは15mになる。初冬、黄葉する古葉が目立つ。隠れたくなるほどかぶれるとも言われるが、葉を擦ったぐらいではかぶれない。【似ている樹種：287 ヤツデ】

雌性期の花序
雄しべと花弁が落ち、
雌しべが発達する

側脈の1本が、切れ
込みの基部に達する

脈合部や
脈腋に毛
が残る

★★ 厚く大きい、
(5,)7〜9深
裂する

雄性期の花序　雄しべ
が発達し花弁がある

表

葉の長さ
15〜60cm

木漏れ日で育ち、日向では葉の色が悪い。

ヤツデ

ウコギ科　*Fatsia japonica*

関東（沿岸域）以西産
主な人為拡散域：北海道南部以南
雌雄同株・同花または雄花
花期：(10,)11-12月／果熟期：4-5月

単葉

単鋸歯深裂

互生

被子植物

常緑広葉中低木

いたるところの日陰に自生し、庭園などに植えられる。葉は天狗の団扇のように深裂し、枝先に輪生状につく。葉の裂片は(5,)7〜9裂で、正常なものは八つに割れることはない。普通は樹高1〜2m、大きなものは3mを超える。叢生しやすく、葉を横に広げたBIGな樹冠をつくり、下枝は自然には枯れ上がらない。花は秋から冬の昆虫を対象にした虫媒花で、特にハエ目とアリ目が大好きである。普通は雄性期〜雌性期へと花期が長く、そのまま果実となり、春、黒色に熟す。

うら

開花期の樹姿

淡緑色で
無光沢

光沢あり太
く無毛、断
面は丸い

液果は黒色に熟し、水っぽい

萼裂片は不明瞭

冬芽は裸芽で大きい
ムラサキシキブ

冬芽は芽鱗に包まれ小さい
別種コムラサキ

花柄は葉腋と離れない
小枝の毛は少ないが、星状毛が散生

★★ 鋸歯は葉の基半にもある

★ 尾状に長い

表

毛は少ない

葉の長さ
6〜22cm

果実は美しいが、量は少なく質素。

ムラサキシキブ

クマツヅラ科　*Callicarpa japonica*

北海道南部以南産
主な人為拡散域：北海道中部以南
雌雄同株・同花／花期：6-9月
果熟期：10-12月

うら

主脈などに早落性の縮毛

葉は対生し先端が長い

樹姿

上面は平坦、毛は少ない

くさび形で葉柄に沿う

樹高は普通2〜5mで、幹は斜上し、枝は垂れやすい。雑木林の林縁などに自生し、公園や庭園では野趣を求める場所に植えられる。むしろ、小柄で多果性のコムラサキ（コシキブ）の需要が多い。秋、果実は美しい光沢のある本紫色に熟すが、数が少ない。果実は葉腋から円錐状につき、萼片は不規則に裂ける。冬芽は裸芽で大きく、水鳥の首のように細長く、よく見ると小さな葉の形をしている。葉をもむと、かすかにシュンギクの葉のような青臭さがある。【似ている樹種：289 コムラサキ】

単葉／単鋸歯／対生／被子植物／落葉広葉中低木

花柄は葉腋から離れてつく
小枝には毛が密生する

核果はたくさんつく

萼は明瞭で、四角～円形

鋸歯は葉の基半では消失

★ くちばし状～尾状
★ 顆粒状の凸凹少しざわつく

葉の長さ
3～10 cm

表

果実は多数が集まり、美しい。

コムラサキ
（コシキブ）
クマツヅラ科　*Callicarpa dichotoma*

東北南部以南産
主な人為拡散域：東北以南
雌雄同株・同花／花期：6-8月
果熟期：10-11月

単葉
単鋸歯
対生

被子植物

落葉広葉低木

うら
先端は枯れやすい
両面主脈上に短毛
上面は平坦、顆粒状の短毛
くさび形、葉柄に少し沿う

冬の梢端

樹姿

　樹高は普通1～3m。主に2m以下の低木としての植栽が多く、庭や公園、ビルのエクステリアなどに植えられる。街路の植栽帯などに植え込みとして大量に植栽されることもある。幹は細くて叢生しやすい。枝の先端は冬季に枯れやすく、春、新梢を下部から伸ばす。冬芽は卵形で小さく、頂芽は存在しないことが多い。果実は集まってつき、明るい紫色で美しい。萼裂片は4弁の明瞭な四角～円形。果（花）柄は葉の基部から少し離れてつくため、「コムラサキのコ離れ」という。

【似ている樹種：288 ムラサキシキブ】

核果

長く、毛が密

花は芳香が強い

別種シマクサギ
萼は淡緑色

果実　　萼片

うら

脈上や葉縁などに長軟毛が密

葉をもむと、薬くさい落花生とゴマを混ぜた青臭さ。

クサギ

クマツヅラ科　*Clerodendrum trichotomum*

北海道南部以南産
主な人為拡散域：北海道中部以南
雌雄同株・同花／花期：(7,)8〜9月
果熟期：10-12月

★ 全縁　若木など低い鋸歯がある

表

葉の長さ
15〜30 cm

単葉

全縁〜鋸歯

対生

被子植物

落葉広葉中低木

葉は対生

★★ 主脈脇や脈沿いなどに腺点

うら

樹姿

樹高は普通2〜4m、次第に斜上し、大きいものは5〜7m前後。葉をもんだときの青臭さは悪い匂いではない、と思うが嫌う人も多い。枝は柔らかく、削ると匂いが気になる人と感じない人がいる。中国などの帰化種ボタンクサギ（ベニバナクサギ）は2m以上になる低木で、臭い。シマクサギ *C. izuinsulare* は三浦半島南部以南や伊豆諸島など局地的に生育し、萼が花時も赤みを帯びず、繁殖力が旺盛、やはり匂う。温暖化とともに北上する可能性がある。

【似ている樹種：155 イイギリ、291 ボタンクサギ、306 キリ】

まりのように花が集まる

葉柄は長く、短毛がある

頂芽は裸芽で大きい

関東では結実がよくないが、根から増殖する

★★ 葉身基部などに腺点

花

花には、よい香りがある。

ボタンクサギ
(ベニバナクサギ)
クマツヅラ科　*Clerodendrum bungei*

外国産（中国）
主な人為拡散域：東北南部以南
雌雄同株・同花／花期：7−9(,10)月
果熟期：10−12月

★ 低い三角形の鋸歯

★ 毛は少ない、短毛はあるがほぼ無毛

葉の長さ 13〜25 cm

表

うら

単葉

単鋸歯

対生

　庭や植物園、公園などに植えられている。花はクサギより早く咲きはじめ、桃紫色で甘い芳香があり、まりのように集まって咲く。樹高は普通1〜1.5 m程度だが、建物際などで3 mを超えることがある。西日本では野生化しており、近年は関東地方でもキリのように玄関先や廃屋で大きく繁茂しているものを見る。落葉は比較的遅い。葉の香りはクサギより強烈で、もむとピーナッツクリームですなどと言っていられないほど臭く、異臭が手に残る。【似ている樹種：290 クサギ】

脈上に粉状の短毛が散生

葉は対生し、色はクサギより濃い

花は枝の頂部につく

被子植物

落葉広葉中低木

291

花弁の付属片

花弁の付属片は4裂以上

赤花の八重品種

太く、断面は半円

白花の一重品種

表

直線状〜くちばし状

肉質で弾力がある

両面とも、主脈が淡黄色

葉の長さ 13〜22 cm

大気汚染に強いとされ、各地で植えられた。

キョウチクトウ

キョウチクトウ科　*Nerium indicum*

外国産（インドほか）
主な人為拡散域：東北以南
雌雄同株・同花／花期：6–9(,10)月
果熟期：(11,)12–2月

葉は3枚が輪生状に出る

うら

★★
側脈は細かく平行し、側縁に達しない

樹姿

全体が有毒で、枝を誤用した死亡例がある。道路沿いや公園などに植えられ、大株をつくる。幹は叢生しやすく、樹高は普通2〜5 m、大きいものは10 m近い。葉をもむと、薬のような面白い香りが一瞬漂うが、青臭くはない。葉柄の基部や主脈に沿って葉をちぎると、無色透明な液が恥ずかしいように出てきて、かすかにべとつく。花弁付属片の先が4弁以下に分裂するものを、セイヨウキョウチクトウ *N. oleander* と総称して区別する。

単葉／全縁／対生

被子植物

常緑広葉中木

花の勢いが凄い

核果はたわわにつく

★★ 先の丸い広卵形〜楕円形

うら

表

★★ 脈上や葉縁などに毛

花弁は細いが、緩やかなサジ状に広がって先端が丸い

主脈、葉身基部などに毛

葉の長さ 6〜15 cm

都市では、公園や植物園などに植えられる。

ヒトツバタゴ

モクセイ科　*Chionanthus retusus*

中部・九州(局所的)産
主な人為拡散域：東北中部〜九州
雌雄異株および同株・同花
花期：4–5月／果熟期：9–11(,12)月

単葉

全縁

対生

被子植物

落葉広葉高木

　普通は樹高7〜15 m、大木は20〜25 mになる。長崎県対馬市など局所的に自生する希少種で、都市公園などに所構わず植えるのは問題がある。花は緑白色〜淡黄白色〜白色で、晩春、樹冠全体に雪のように降り咲き、感動的である。若い葉はあまり匂わず、老葉は弱い芋焼酎のような酔い香りがあるものがある。枝を削るとチョウジのような微かな芳香がある。庭木として流通する別種アメリカヒトツバタゴ *C. virginicus* は毛が少なく、若木より開花し、花弁の先端はとがる。

うら

核果

くさび形〜耳形など

全周に長毛、上面は平坦

開花期の樹姿

293

若い翼果

翼果（熟果）

葉は硬い

花序　モクセイ科らしい青臭い芳香がある

★★ 小葉は立体的につく
★★ 小葉柄は明瞭でほぼ無毛

★ 厚く光沢が強く波打つ、ほぼ無毛

小葉は約7〜15枚

近年、関東以西の都市に多く植えられる。

シマトネリコ
（タイワンシオジ）

モクセイ科　*Fraxinus griffithii* var. *kosyunensis*

沖縄以西産
主な人為拡散域：関東中部以西
雌雄異株／花期：5-7月
果熟期：9-10(-12)月

表

葉の長さ 18〜35cm

奇数羽状 / 全縁 / 対生 / 被子植物 / 常緑広葉中高木

翼果は降るようにつく

うら

鋸歯はない

主脈が浮き出る

結実期の樹姿
樹冠が明るく見える

亜熱帯産。若干の耐陰性があることから、はじめは都市のアトリウムなどに植えられていたが、近年の温暖化と選抜育種により、関東地方以西の屋外空間に広まっている。樹高は10〜15m以上になり、生殖器官は華やかで、都市生態系や景観を変えかねない。葉は羽状複葉で硬く、光沢があり、他に類のない非生物的な雰囲気が特徴的である。斑入り品種なども流通している。葉をもむと、スギ板のような穀物風のやや甘い香りがある。【似ている樹種：295 トネリコ】

雌花序は、雄花序より短い

春、枝先にブロッコリーのような塊が成長し垂れる

★ 両面に光沢がない
表は、ほぼ無毛

小葉は（3）5〜7枚

葉軸上面は有毛
下面はほぼ無毛

表

★★ 小葉は立体的につく
小葉柄は明瞭、毛が密

葉の長さ 15〜35 cm

土と水の豊かな温帯田園地帯の風物詩。

トネリコ
（タモ、タゴ）
モクセイ科　*Fraxinus japonica*

東北〜中部産
主な人為拡散域：北海道南部〜九州
雌雄異株／花期：4-6月
果熟期：9-11月

奇数羽状
単鋸歯
対生

落葉樹。樹高は普通5〜10m、大きいものは新潟県以北の本州にあり、20〜25mを超える。公園などに植えられるが、乾燥する都市環境はあまり好きではない。住環境が水辺に近接していた地域では、身近で丈夫な有用樹木であった。バットの材料の一つとしても有名で、運動公園などに植えられた。しかし近年、関東地方以西では亜熱帯産の常緑樹シマトネリコの流通が多く、これを俗にトネリコと呼ぶ。

【似ている樹種：294 シマトネリコ】

うら

細脈は暗色、主脈沿いの毛は密

鋸歯は低く、背が長い

主幹は素直に伸びる

被子植物

落葉広葉高木

花はたくさん集まって咲く 花軸に稜はない

浅いU字の溝

液果は、花ほど密につかない

花には昆虫が多く集まる

★★ 萼に横溝がない　未熟な液果

都市では、トウネズミモチよりも少ない。

ネズミモチ

モクセイ科　*Ligustrum japonicum*

単葉	関東南部以南産
全縁	主な人為拡散域：東北中部以南
対生	雌雄同株・同花／花期：5–6(,7)月 果熟期：10–12(–2)月

卵形〜楕円形、両面ほぼ無毛

表

葉の長さ 5〜11 cm

★★ 手触りが厚く、側脈は透けない

うら

葉は対生する

うらは黄緑色

樹姿

被子植物

常緑広葉樹中高木

樹高は低いものが多く、普通は2〜7m程度、大木は15mを超す。葉はモチノキのように厚いものと、トウネズミモチのように薄く柔らかいものが混在することが多く、あちこち触っていると必ず厚いものがある。視覚と知識だけではなかなか覚えにくく、触覚で覚える。果実は、トウネズミモチよりも果序全体につく数が少なく、萼は熟しきるまでは滑らかで周回する溝がない。若い葉をもむと甘い青臭さがあるが、成葉では薄れるように思う。

【似ている樹種：243 クロガネモチ、297 トウネズミモチ】

蕾 花軸に稜が
あり、角張る

浅いU字
の溝

熟した液果

液果は冬季も残り、
鳥が好む

未熟な液果

★★ 萼に周回する
横溝がある

卵形、両面
ほぼ無毛

表

葉の長さ
8〜16cm

繁殖力が強く、最近は雑木として扱われる。

トウネズミモチ

モクセイ科　*Ligustrum lucidum*

外国産 (中国)
主な人為拡散域：東北中部以南
雌雄同株・同花／花期：(5,)6-7月
果熟期：11-12月

単葉
全縁
対生

いたるところに芽生え、注意を要する外来生物とされている。成長の早さと樹勢の強さが好まれた時代に各地で増殖され、現在では公園や庭などに伸び伸びと大木が育つ。普通は4〜8m、大きいものは15mを超えて迫力がある。ネズミモチと異なり、すべての葉が薄くて柔らかく、果実の萼には横溝がある。果実は初冬に黒青紫色に熟し、樹冠いっぱい、たわわに垂れる。鳥たちにはおいしいらしく、好まれて各地に種子散布され、個体数が増えている。葉をもむと、甘い青臭さがある。【似ている樹種：243 クロガネモチ、296 ネズミモチ】

★★
薄く、側脈
が透ける

葉は対生

うらは
緑白色

うら

樹形は丸く大きい

被子植物

常緑広葉高木

297

若い液果　この後、黒紫色に熟す
ネズミモチに似る

花は長い筒状

別種オオバイボタ
半常緑で葉先がとがる

別種オオバイボタの葉

★ 葉柄は有毛
★★ 先端は比較的丸い
★ 主脈が目立つ

表
（着葉枝）

乾燥や潮風に強く、都市にも多い。

イボタノキ

モクセイ科　*Ligustrum obtusifolium*

北海道〜九州産
主な人為拡散域：北海道以南
雌雄同株・同花／花期：5-7月
果熟期：10-11月

2段目
以降の
葉は小
さい

葉の長さ
4〜7 cm
（最頂端2枚）
1〜4.5 cm
（それ以外）

うら
（着葉枝）

主脈などに、
まばらな長毛

樹姿

樹高は普通1〜2.5 m、高くても4 mを超える程度。花は清楚で芳香があり、果実もよくつけ、刈り込みにも耐える。庭や公園、生垣、街路などに比較的よくみられる。暖地の里山や庭園には半常緑のオオバイボタ *L. ovalifolium*、山地などにはミヤマイボタ *L. tschonoskii* が自生し、いずれも葉先がとがる。小さめの葉がきれいに並ぶ低木ヨウシュイボタ *L. vulgare* の品種が街路や公園、庭園に植えられるが、耐陰性に富み、繁殖力が強い外来種で、雑木林などに帰化しつつある。

単葉／全縁／対生

被子植物

落葉広葉中低木

花は多数咲く

別種ヒイラギモクセイの花
キンモクセイの花　径6〜9mm
別種ウスギモクセイの花

花の盛りは短く、よく香る

葉柄は短く、太くない、V字またはU字の溝

★★
強く波打つ

表

葉の長さ
8〜16cm

挿し木により増殖され、すべてが雄株。

キンモクセイ

モクセイ科 *Osmanthus fragrans* var. *aurantiacus* f. *aurantiacus*

外国産(中国)
主な人為拡散域：東北中部以南
雌雄異株／花期：(9,)10−3月
果熟期：1−2月

単葉
全縁〜単鋸歯
対生

花は朝晩涼しく秋めくころ、ギンモクセイに少し遅れて咲き、街に秋の香りが流れていく。遠い日、この香りが好きで、ポプリにしたいと言っていた人。そして春に向け、不規則に幾度か狂い咲く。樹高は普通1.5〜8m、大きいものは関東地方以西に多く、樹高15mを超える。葉の含水率は48.5%と低い。乾いた感触があり、火に強くない。葉を千切ると、特に縦方向でバリバリと硬い。実はならないが、まれに結実するものがあるという。

【似ている樹種：300 ウスギモクセイ】

★
低い鋸歯が不規則に散在するか全縁

両面とも無毛

老木の葉は鋸歯がない

樹姿

うら

被子植物

常緑広葉中高木

核果は水分に富む

花
径4〜6mm

葉は対生

花は淡い薄黄色
次第に白くあせる

★★ 全縁、ときに浅い鋸歯があることも

★ ゆるく波打つ

表

キンモクセイに混じって植えられることがある。

ウスギモクセイ

モクセイ科 *Osmanthus fragrans* var. *aurantiacus* f. *thunbergii*

外国産（中国）
主な人為拡散域：東北中部以南
雌雄同株・同花または雌雄異株
花期：9-10月／果熟期：4-5月

葉の長さ
8〜13cm

核

網脈は、キンモクセイほど目立たない

側脈は、あまり突出しない

やや細い

うら

ウスギモクセイと、
別種キンモクセイ

庭園などに植えられ、樹高は普通1.5〜4m、最大で10mを超す程度で高くはならないが、幹周が4mにおよぶ巨木がある。花は秋、キンモクセイと同じかわずかに早く咲き、芳香はキンモクセイと同じで強い。キンモクセイは普通結実しないが、ウスギモクセイは結実性がよく、春、オリーブの実を小さくしたような果実が黒紫色に熟す。この中にはグレープフルーツの種子のような大きな核が1つ。これは色調子がピーナッツに酷似し、机上にあればつい食べてしまう。【似ている樹種：299 キンモクセイ】

単葉　全縁　対生

被子植物

常緑広葉中木

葉は硬く、立つ

★ 規則的で痛くない、ときに消失

皿形〜U字形に凹む、短くて太い

★★ 幅広い、あまり波打たない

両面とも無毛

表

葉の長さ 8〜14 cm

花は清楚な強い香り

花はキンモクセイとほぼ同大で、芳香も似ていて強い。

ギンモクセイ

モクセイ科 *Osmanthus fragrans* var. *fragrans*

外国産(中国)
主な人為拡散域：東北中部以南
雌雄異株／花期：10〜11,1〜2月など
果熟期：1,4月など

単葉

単鋸歯

対生

被子植物

常緑広葉中高木

尾状に長い

うら

樹高は普通 1.5〜2 m、大木は西日本で 12〜15 m に育つ。キンモクセイより清楚に咲き、庭やオフィス空間などに多く、街路樹として植えられることもある。花は秋、多くはキンモクセイより少し早く咲くほか、2度咲くものや3度咲くもの、冬季に断続的に咲くものなどがある。花弁は'銀'とはいっても、人生と同じで銀や純白ではなく生成色。キンモクセイの'金'と同様に、懐の大きな命名であった。キンモクセイの陰で、目立たず、ひっそりと咲く。

葉は対生、比較的平坦

透かして拡大すると油点が見える

樹冠

【似ている樹種：299 キンモクセイ、302 ヒイラギモクセイ、303 ヒイラギ】

花は短命で壮観、甘い芳香が漂う

花 径9〜12mm

花は純白の4弁、少し大きめ

浅凹、中心は細溝

★ 鋸歯は大きく痛い

★★ 質厚で幅広、縦方向に反る

両面無毛

表

葉の長さ 5〜13 cm

雌雄異株だが、雄木ばかりで結実しない。

ヒイラギモクセイ

モクセイ科　*Osmanthus × fortunei*

栽培品種
主な人為拡散域：東北中部以南
雌雄異株／花期：(9,)10–11月
果熟期：×

うら

葉は対生

樹姿

網脈はギンモクセイほど目立たない

拡大すると油点が見える

|単葉|
|単鋸歯|
|対生|

被子植物

常緑広葉中木

　高さ約2.5m以下の生垣などによく植栽され、高いものは8mを超える。その形質からヒイラギとギンモクセイの雑種と考えられている。両者の中間的な性質を持つが、花や葉はヒイラギよりもギンモクセイに近い。開花はギンモクセイより遅く、ヒイラギより早く、ちょうどギンモクセイが終わりかけたころに咲く。最盛期には香りが強く、キンモクセイよりもマダガスカルジャスミンの香りに似ている。葉をもむと、かすかな青リンゴの皮臭があるが、そんなことより鋸歯が鼻に刺さり痛い。

【似ている樹種：301 ギンモクセイ、303 ヒイラギ】

花弁ははじめ開き、次第に反り返る

老木も先端は鋭さが残る

表（老木）
両面ほぼ無毛
光沢あり

表（若木）

花 径7〜14mm

雄しべは2本で葯は大きい

眩く硬く、が残ることがある

葉の長さ 4〜10 cm

日本産で、果実は黒紫色に熟す。

ヒイラギ

モクセイ科 *Osmanthus heterophyllus*

関東以西産
主な人為拡散域：北海道南部以南
雌雄異株／花期：(10,)11-12月
果熟期：6-7月

単葉
単鋸歯
対生

うら

葉は対生する

★★ 葉は小さい、鋸歯は鋭くて痛く少なめ

仕立物の古木

被子植物

常緑広葉中高木

成長は遅く、樹高は普通2〜8m、大きいものは15mになる。鋸歯が非常に鋭く、丸く穏やかに見える老木の葉でも、先端は鋭い一棘となるので安心できない。爪の間などに刺さると、長時間ヒリヒリと痛む。よし尻を出せと妻が言う。老成すると樹高にかかわらず鋸歯がぼやけてくる。花は目立たずに白く、昼間の嗅覚では気づかないほどのユリに似た甘い芳香がある。果実はシナヒイラギモチのように赤く熟さず、ウスギモクセイに似て大きく黒紫色に熟す。

【似ている樹種：239 シナヒイラギモチ、301 ギンモクセイ、302 ヒイラギモクセイ】

下から見た枝葉

葉は対生

核果

★ 細く鋭く微突出

鱗毛が疎生

表

葉の長さ 5〜7cm

平和の象徴。温暖で穏やかな気候を好む。

オリーブ

モクセイ科　*Olea europea*

外国産(南ヨーロッパ,中央アジア他)
主な人為拡散域：関東中部以西
雌雄同株・同花または異花
花期：(3,)4-6(,7)月／果熟期：10-12月

単葉／全縁／対生

被子植物

常緑広葉中高木

★★
銀白〜緑白色で、鱗毛が密

黒紫褐色に熟す

うら

短く細い、上面などに鱗毛

樹姿

普通は高さ約2〜8m。葉は厚くて鱗毛があり、比較的乾燥に強い。品種が多い。都市では屋上や庭、ビル外構、公園などに植えられる。アキグミのように銀緑色で爽やか。私と同じ、青空が似あう。樹形は自由奔放で荒々しく、日照を好み日陰を嫌い、品種により性質が異なるなど綺麗に育ちにくい。葉を千切った感触は比較的柔らかく、もむと微かにリンゴの皮のような匂いがある。近年の人気で高木が多く輸入され、土壌や微生物の移入も心配される。【似ている樹種：226 ブラシノキ】

白花品種

実殻

若い**蒴果** やがて先端が2つに裂ける

上面は溝、光沢があり無毛

うす紫色の花が房状に咲く

★★ スペード形、光沢にぶく無毛

大きく波打つ

葉の長さ 6〜12 cm

表

春、うす紫色の花を多数つけ、甘い香り。

ライラック
（リラ、ムラサキハシドイ）
モクセイ科　*Syringa vulgaris*

外国産 (ヨーロッパ)
主な人為拡散域：北海道〜九州
雌雄同株・同花／花期：(3,)4-5(,6) 月
果熟期：8-10 月

単葉　全縁　対生

くちばし状

葉は対生する

うら

側脈は湾曲し、葉縁に達しない

樹姿

被子植物

落葉広葉中木

リラ。白花や矮性など、品種が多い。庭や公園に植えられ、街路で見ることもある。昭和時代には、涼しい気候を好む北の都市を象徴する樹木だったが、近年流通しているものには耐暑性のある品種が多く、東京などの酷暑に元気で生育し、微妙な感覚を体験する。樹高は普通 1.5〜6 m。公園などでは、4 m 以下の中低木として扱われるものが多い。幹は細く、まっすぐに伸びず、たよりなく曲がっていることが多くて、低木状に叢生するものもある。

若い蒴果

種子

実殻

種子の束が白く見える

葉うら全体に星状毛が密

腺毛と短毛、ややべとつく

表

幼木の葉、3〜5裂、鋸歯がある

脈上に茶色の毛

花は美しく毛深い

葉の長さ 30〜80cm

花は藤色で、枝先に直立し毛深く、気高い美しさ。

キリ

ゴマノハグサ科　*Paulownia tomentosa*

単葉／全縁〜鋸歯縁／対生

外国産(中国、朝鮮半島など)
主な人為拡散域：北海道中南部以南
雌雄同株・同花／花期：5−6月
果熟期：12−1(,2)月

★ハート形または3〜5裂

うら

縁石のすき間から生える

★★毛布様の手触り

原産地の違いか、花色や材の変異が知られる。東北地方では花筒内部に斑紋が目立たないものが多い。樹高は普通7〜12m、高くても15m。成長が早く短命で、大枝は横に強く張り、腐朽が入りやすいため、都市緑化には向かない。縁の下や塀際、駅のホームの下など乾燥する場所でも、水辺でも発芽し、たくましい。果実は冬に2裂開し、驚くべき多数の種子が飛散する。実殻は春まで樹上で垂れ下がる。蕾と混在して似ているが、蕾は若いだけに天に向けて屹立し、毛も多い。

老木の樹姿

被子植物

落葉広葉高木

【似ている樹種：152 アオギリ、155 イイギリ、285 ハリギリ、290 クサギ】

規則正しい肋骨状の側脈が目立つ

膨らんだ蕾 螺旋模様が記憶に残る

変種コクチナシの花

八重の花

★ 光沢がある

表

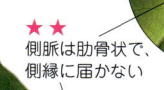

★★ 側脈は肋骨状で、側縁に届かない

葉の長さ
5～14 cm

花は一重または八重咲きの乳白色。

クチナシ

アカネ科 *Gardenia jasminoides* f. *grandiflora*

東海以西産
主な人為拡散域：東北中部以南
雌雄同株・同花／花期：6-7月
果熟期：(10,)11-12月

単葉
全縁
対生

くちばし状
先端は鋭くない

うら

液果　変種コクチナシの液果

6ときに5条の稜がある

脈間に微細な凹み

短く、上面に溝はない

樹姿

樹高は普通1～1.5m程度の低木として植えられるが、高いものは4m以上になり、葉のボリュームも多い。花には旅路の果てまでついてくる強いジャスミンのような芳香がある。葉を千切ると繊維質がやや強く糸をひく。果実はタコを逆さにしたような楕円形で、先端に萼裂片が長く残り、晩秋～冬に橙赤色に熟す。矮性の品種に中国産の変種コクチナシ var. *radicans* があり、全体的に小さくて普通1m以下、葉は楕円形で細く、近年の流通量は多く、やはり一重と八重がある。

被子植物

常緑広葉中低木

核果は約3〜5mmの球〜楕円形

果序は核果が多数つく

花序

★★ 葉軸や小葉柄は上面に溝 断面は凹形

ほぼ無毛

表

★ 小葉は普通3〜7枚と少なめ

草のような柔らかさを持ち、みずみずしい。

ニワトコ

スイカズラ科 *Sambucus racemosa* subsp. *sieboldiana*

東北〜九州産
主な人為拡散域：東北以南
雌雄同株・同花／花期：(3,)4-5月
果熟期：6-7月

葉の長さ 10〜35cm

単鋸歯

葉と核果

毛は主脈沿いなどに残るか無毛

うら

林縁に多い

奇数羽状

単鋸歯

対生

被子植物

落葉広葉中高木

樹高は普通2〜6m。黄葉や落葉が遅く、芽出しは早い。枝には太くて軟らかい髄があり、中空になりやすくて軽い。このため、魔法の杖にはよいが足代わりの杖にはならない。幼木や梢端の多くは、寒い冬に枯れる。葉をもむと、サクランボの蜜漬とも似て少し違う甘臭さがあり、枝を削ると、ピーマンとエポキシ樹脂を混ぜたような青臭さがある。本州北部〜北海道の亜種エゾニワトコ subsp. *kamtschatica* は、葉うらが灰白色で毛が密にあり、果柄にも毛が多い。

【似ている樹種：284 タラノキ】

核果は径約 7〜10mm
はじめ扁平、次第に太る

白い花が多数咲く

別種ミヤマガマズミ
若い**核果**と葉

核

長毛が密

核果

若葉は両面に
星状毛と
短毛

表

ざらつく

果実は美しく、鮮紅〜深紅に熟す。

ガマズミ

スイカズラ科　*Viburnum dilatatum*

北海道南部〜九州産
主な人為拡散域：北海道南部〜九州
雌雄同株・同花／花期：5–6月ほか
10–11月など／果熟期：9–10(,11)月

単葉

単鋸歯

対生

葉の長さ
6〜17 cm

脈上などに
短毛が残る

うら

葉は対生する

★ パンナイフのような
三角形の単鋸歯

普通は樹高3m以下の低木として公園などに植えられ、果実をつけるまでは、あまり目立たない。果実は美しく、秋も深まるころ鮮紅〜深紅に熟す。この中に長さ約6〜7mmの木魚かタカラガイのような深い割れ目のある核があり、ルーペで見ると悩ましい形状をしている。枝を削ると、少し甘い雑木林の青臭さがある。ミヤマガマズミ *V. wrightii* は、葉がガマズミよりやや細く、両面とも脈間は絹毛が散生するかほぼ無毛。低木で、温帯では平野にも生える。

脈間に無数
の腺点

1、2対の
大きな腺点

花のころの樹姿

【似ている樹種：89 トサミズキ】

被子植物

落葉広葉中低木

309

核果は真紅から黒色に熟す

淡緑〜黄金色、しわがあり、広い溝に

甘く強い芳香があり、昆虫が集まる

サンゴジュハムシの食害

花とクマバチ
下半身は花粉だらけ

葉裏のダニ室

★ 厚く光沢が強い

主脈は淡色で目立つ

現在、日本で最も耐火力の強い樹木。

単葉
単鋸歯〜全縁
互生

サンゴジュ
(アワブキ)
スイカズラ科 *Viburnum odoratissimum* var. *awabuki*

関東南部以西産
主な人為拡散域：東北中北部以南
雌雄同株・同花／花期：(5,)6-7月
果熟期：8-10月

表

葉の長さ
8〜22cm

被子植物

比較的丸い

葉は強烈な艶がある

★★
脈腋に、毛の束とダニ室

樹姿は直立する

うら

常緑広葉高木

樹高は概ね3〜10m、まれに20mになる。火炎や熱に葉をさらしても水を保持してなかなか放さず、耐えきれなくなると表皮とクチクラ層がパンパンと爆裂して水蒸気を放つ。サンゴジュハムシの害が多く、脈間も脈もかまわず斑に食われるが、その痕は葉の組織が縁状に盛り上がって裂開に耐える。樹肌は、若いころから中年一歩手前くらいまでは明るくて滑らか。中年を過ぎると一変し、激しい凹凸のある濃灰褐色のふてぶてしい肌になる。

紅花の品種

つくばね形の萼　種子は普通できない

花弁は毛が多い

表（着葉枝）

★★ 小さな卵形 両面とも光沢

葉は対生

毛は散生

葉の長さ 2.5～4.5 cm

公園などで多用され、叢生して暴れる。

ハナゾノツクバネウツギ
（アベリア）
スイカズラ科　*Abelia × grandiflora*

栽培品種
主な人為拡散域：東北～九州
雌雄同株・同花／花期：(5,)6-11月
果熟期：(10-11(,12))月

単葉

単鋸歯～全縁

対生

被子植物

半常緑広葉低木

うら（着葉枝）

樹高は普通 1.2～1.8 m、ときに 3 m を超える。花期が長く、いきものとの接点が失われている都市では、チョウやハチなどが訪れる吸蜜植物として有能である。外来種だが、多くは不稔で繁殖力は強くなく、挿し木で増殖される。従来から、花弁にごく薄いピンク色が混じる白色のものが多く流通してきた。このほか、葉に斑が入るものや白花品種などがあり、近年は花がピンク色でやや矮性のエドワード・ゴーチャー 'Edward Goucher' など多く植えられている。

花筒を突き刺し盗蜜するクマバチ　花粉は媒介されない

主脈腋に長毛

着葉枝は微毛が密

花のころの樹姿

311

咲き始めは白い

長毛が密生、U字に凹む

花は次第に赤くなる
花筒は箱形に膨らむ

別種ベニバナニシキウツギ

脈上に、晩落性の逆毛

単鋸歯で、細かく波打つ

★ 光沢があり、ほぼ無毛

表

葉の長さ 8〜15cm

公園などの緑地に多く植えられる。

ハコネウツギ
（ベニウツギ）
スイカズラ科　*Weigela coraeensis*

北海道南部〜九州(沿岸域の局地的)産
主な人為拡散域：北海道以南
雌雄同株・同花／花期：5-6月ほか
果熟期：10-11月

単葉
単鋸歯
対生

被子植物
落葉広葉中低木

★★ 葉うらはサワサワしない

うら

若い蒴果

樹冠

普通は高さ1.5〜3m程度の低木や植え込みとして使われる。成長が早く、放置すると短期間で4、5mを超え、叢生して暴れやすい。花はラッパ形で白色に咲き、のち紅色になって紅白が入り混じり、おめでたい。別種タニウツギは主に日本海側の山地に生え、花は淡桃色のみ。別種ニシキウツギ *W. decora* は東北中部〜九州の太平洋側の山に多く、紅白が混じり、葉うらに長毛は密生しない。公園や庭にも植えられ、ともに蕾の時から紅色のベニバナ品種がある。

【似ている樹種：171 ノリウツギ、313 タニウツギ】

花筒は次第に太くなる

長毛が密生

ハコネウツギ

タニウツギ

タニウツギは葉に光沢がない

花は群れて咲く

★★ 白色の毛が密生、特に脈上

毛は少なく、主脈上はやや密

表

葉の長さ
5〜13 cm

初夏、花も葉も新梢もみずみずしく美しい。

タニウツギ

スイカズラ科　*Weigela hortensis*

北海道西部〜中国地方（日本海側）産
主な人為拡散域：北海道〜九州
雌雄同株・同花／花期：5−6(,7)月
果熟期：10−12月

単葉

単鋸歯

対生

日本海側などの里山や伐開草地、日当たりのよい斜面地などに多い。花は淡紅色の一色。よく群生し、初夏のタニウツギは花も葉も新梢もみずみずしく、青春の勢いと美しさがある。公園や庭などでは、普通、高さ約1〜3ｍの低木として植えられるが、里山などで放置すると5ｍを超える。繁殖力が強く、雑木として扱われてきたが、都市では花色が濃い品種などが好まれる。幹は柔らかくて斜上し、株立ちになりやすく、ときに地を這うように伸びてゆく。

尾状〜くちばし状

蒴果
やがて褐色に熟す

★★ 葉うらはサワサワした感触

うら

叢生しやすい

被子植物

落葉広葉中低木

【似ている樹種：171 ノリウツギ、312 ハコネウツギ】

雌花序

雄花群

雄花序

★★
基部開度は200度以上
長さ約170〜250cm

公園や雑木林、庭など、暗い環境でも大きく成長。

ワジュロ
（シュロ）
ヤシ科　*Trachycarpus fortunei*

中国地方・九州南部産
主な人為拡散域：北海道南部以南
雌雄異株または同株・異花
花期：4-6月／果熟期：10-12月

単葉／全縁／互生

被子植物

常緑中高木

液果

葉は大きく、全体も
葉先も垂れる

樹姿

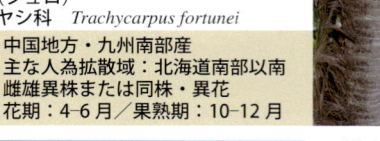

　樹高は普通1〜7mで、成長すると10mになる。本来は西南日本産で、気温上昇などにより生育範囲を拡大し、現在は関東地方でも個体数が多い。丈夫で繁殖力が強い。特大の枯葉をいくつもぶら下げているものは、化け物のようである。崖面に巨神兵のように群立することがあるが、景観的には悪くない。葉をもむと、少し生臭い青臭さがある。近年、個体数が多くなっていることが問題視されるが、安易に除伐することよりも、この現象の背景を認識することが大切である。【似ている樹種：315 トウジュロ】

果序

秋、黒紫色に熟し、表面は粉を吹く

基部開度は 160〜200 度以内
長さ約 100〜200cm 程度

★ 葉うら基部の
ひげ状突起

液果

ワジュロと違い、庭園樹として有用。

トウジュロ

ヤシ科　*Trachycarpus wagnerianus*

外国産(中国)
主な人為拡散域：北海道南部以南
雌雄異株／花期：5-6月
果熟期：10-11月

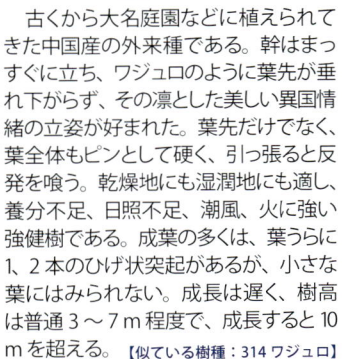

単葉
全縁
互生

被子植物

常緑中高木

　古くから大名庭園などに植えられてきた中国産の外来種である。幹はまっすぐに立ち、ワジュロのように葉先が垂れ下がらず、その凛とした美しい異国情緒の立姿が好まれた。葉先だけでなく、葉全体もピンとして硬く、引っ張ると反発を喰う。乾燥地にも湿潤地にも適し、養分不足、日照不足、潮風、火に強い強健樹である。成葉の多くは、葉うらに1、2本のひげ状突起があるが、小さな葉にはみられない。成長は遅く、樹高は普通3〜7m程度で、成長すると10mを超える。【似ている樹種：314 ワジュロ】

裂片は硬く、垂れない

樹姿

315

索 引

あ行

アオキ 227
アオギリ 152
アカエゾマツ 28
アカガシ 116
アカシデ 132
アカマツ 32
アカメガシワ 248
アカメモチ 200
アキグミ 220
アキニレ 103
アケボノスギ 50
アシウスギ 47
アスナロ 41
アズマヒガン 182
アセビ 162
アセボ 162
アベリア 311
アメリカスズカケノキ 85
アメリカデイコ 213
アメリカハリモミ 27
アメリカヒイラギモチ 239
アメリカフウ 95
アメリカヤマボウシ 228
アラカシ 117
アララギ 56
アワブキ 310
アンズ 175
イイギリ 155
イスノキ 93
イタジイ 113
イタビ 110
イタヤカエデ 260
イタヤメイゲツ 259
イタリアヤマナラシ 157
イチイ 56
イチイモドキ 51
イチジク 109
イチョウ 20
イトザクラ 182
イトヤナギ 158
イヌガヤ 40
イヌザクラ 198
イヌザンショウ 283
イヌシデ 133
イヌツゲ 245
イヌビワ 110
イヌマキ 36
イヌリンゴ 195
イボザンショウ 283
イボタノキ 298
イヨミズキ 88
イロハモミジ 258
インドトキワサンザシ 205
ウスギモクセイ 299, **300**
ウバメガシ 119
ウマグリ 255
ウメ 174
ウメモドキ 244
ウラジロモミ 23
ウラスギ 47
ウリハダカエデ 261
ウルシ 265
ウワミズザクラ 199
ウンシュウミカン 276
エゴノキ 168, 169
エゾコブシ 65
エゾナナカマド 207
エゾマツ 29
エゾヤマザクラ 179
エゾユズリハ 96
エドヒガン 182
エノキ 99
エルム 102
エンコウカエデ 260
エンジュ 217
オウゴンシノブヒバ 45
オウゴンニセアカシア 216
オウゴンヒヨクヒバ 44
オウシュウトウヒ 26
オウシュウナナカマド 207
オウトウ 177
オオガシワ 125

オオカナメモチ 202
オオシマザクラ 183
オオナラ 122
オオバイボタ 298
オオバグミ 219
オオバクロモジ 79
オオバチャ 169
オオベニガシワ 249
オオバボダイジュ 149
オオバマユミ 236
オオバヤシャブシ 129
オオモミジ 256
オオヤマザクラ 179
オガタマノキ 69
オトメツバキ 136
オニグルミ 222
オマツ 33
オリーブ 304
オンコ 56

か行

カイヅカイブキ 49
カイノキ 272
カキノキ 165
カクレミノ 286
カザンデマリ 205
カジノキ 108
カシワ 125
カスミザクラ 181
カツラ 84
カナメモチ 200
カボス 279
カマクラヒバ 42
ガマズミ 309
カムシバ 66
カヤ 55
カラタチ 281
カラタネオガタマ 68
カラナシ 190
カラマツ 25
カリン 190
カルミア 161
カロリナハコヤナギ 156
カロリナポプラ 156

★太字はタイトル項目、細字は別名や近似種などです。

カンツバキ 139	**コブシ** 64	シラカシ 118
キタコブシ 65	コブニレ 102	**シラカバ** 126
キタゴヨウ 31	コマユミ 235	シラカンバ 126
キボケ 190	**コムラサキ** 288, 289	**シリブカガシ** 115
キャラボク 57	**ゴヨウマツ** 31	シロウメモドキ 244
キョウチクトウ 292	コロラドトウヒ 27	**シロザクラ** 198
キリ 306	**さ行**	シロシデ 133
キンカン 280	**サイカチ** 215	**シロダモ** 76
キンモクセイ 299, 300	**サカキ** 141	シロバナブラシノキ 226
ギンモクセイ 301	**ザクロ** 224	シロブナ 124
ギンヨウアカシア 208	**サザンカ** 137	シロマツ 35
クサギ 290	サトザクラ'カンザン' 186	**シロミユミ** 236
クサボケ 191	サビタ 171	シンジュ 273
クサミキ 36	サラサドウダン 160	**スイフヨウ** 153
クスノキ 77	**サルスベリ** 221	**スギ** 46
クチナシ 307	サワグルミ 223	**スズカケノキ** 87
クヌギ 121	**サワラ** 43	**スダジイ** 113
クマシデ 131	**サンゴトウ** 212	**スドウツゲ** 247
クマノミズキ 231	**サンゴジュ** 310	**スモモ** 176
クリ 120	**サンシュユ** 232	**セイヨウシャクナゲ** 163
クロガネモチ 243	**サンショウ** 283	セイヨウツゲ 247
クロキ 241	**シイモチ** 238	**セイヨウトチノキ** 255
クロベ 53	**シキミ** 71	**セイヨウバクチノキ** 193
クロマツ 33	シダレエンジュ 217	**セイヨウハコヤナギ** 157
クロモジ 79	**シダレヤナギ** 158	セイヨウヒイラギモチ 239
クワ 104	シチトウタラノキ 284	**セイヨウベニカナメモチ** 201
ゲッケイジュ 81	シデ 132	**セイヨウミザクラ** 177
ケヤキ 100	**シデコブシ** 67	**セイヨウリンゴ** 196
ケヤマザクラ 181	シナサワグルミ 223	セコイア 51
ケヤマハンノキ 130	**シナノキ** 148	セコイアメスギ 51
ケンポナシ 251	シナヒイラギ 239	**センダン** 274
コウゾ 107	**シナヒイラギモチ** 239	センノキ 285
コウヤマキ 38	**シナマンサク** 91	センペルセコイア 51
コウヨウザン 48	シナユリノキ 60	**ソシンロウバイ** 73
コクサギ 282	**シノブヒバ** 45	**ソテツ** 19
コクチナシ 307	シマクサギ 290	**ソトベニハクモクレン** 62
コジイ 112	**シマトネリコ** 294	**ソメイヨシノ** 184
コシキブ 289	**シモクレン** 63	**ソヨゴ** 242
コナラ 123	**シャシャンボ** 164	ソロ 132, 133
コノテガシワ 54	シャラノキ 145	**た行**
コノテガシワ'センジュ' 54	**シャリンバイ** 206	**ダイオウショウ** 34
コハウチワカエデ 259	'ジュウガツザクラ' 187	ダイオウマツ 34
'コブクザクラ' 187	シュロ 314	**タイサンボク** 61

317

タイワンシオジ 294	トネリコ 295	ハクレンボク 61
タイワンフウ 94	トネリコバノカエデ 264	**ハコネウツギ 312**
タカオカエデ 258	**トベラ 170**	ハジカミ 283
ダケカンバ 127	**な行**	ハゼ 268, 269
タゴ 295	**ナギ 39**	**ハゼノキ 268**
タチカンツバキ 138	ナシ 197	ハチス 154
タチシャリンバイ 206	**ナツカン 277**	ハトノキ 233
タチバナ 275	ナツグミ 218	**ハナカイドウ 194**
タチバナモドキ 203	**ナツダイダイ 277**	ハナカエデ 263
タチヤナギ 159	**ナツツバキ 145**	**ハナザクロ 225**
タニウツギ 313	**ナツボダイジュ 151**	**ハナズオウ 214**
タブノキ 80	**ナツミカン 277**	**ハナセンナ 210**
タムシバ 66	ナツメ 252	ハナノックスブラウツギ 311
タモ 295	**ナナカマド 207**	**ハナノキ 263**
タラノキ 284	ナワシログミ 219	**ハナミズキ 228**
タラヨウ 240	ナンキンカイドウ 194	ハナモモ 173
チシャノキ 168	**ナンキンハゼ 250**	ハナユ 279
チャ 140	**ナンテン 83**	ハハソ 123
チャイニーズホーリー 239	ニオイコブシ 66	**ハマヒサカキ 143**
チャノキ 140	**ニオイヒバ 53**	ハリエンジュ 216
チャボガヤ 55	**ニシキギ 234**	**ハリギリ 285**
チャボヒバ 42	ニセアカシア 216	ハルコガネバナ 232
チューリップ ツリー 60	**ニッケイ 75**	ハルニレ 102
チョウセンマキ 40	ニッコウモミ 23	**ハンカチノキ 233**
ツゲ 246	ニホンタチバナ 275	ハンテンボク 60
ツブラジイ 112	ニホンナシ 197	**ハンノキ 128**
ツルゲ 219	ニレ 102	**ヒイラギ 303**
テウチグルミ 222	ニワウメ 188	**ヒイラギナンテン 82**
テンダイウヤク 252	ニワウルシ 273	**ヒイラギモクセイ 299, 302**
ドイツトウヒ 26	ニワトコ 308	ヒイラギモチ 239
トウオガタマ 68	ヌマスギ 52	ヒガンザクラ 182
トウカエデ 262	ヌルデ 271	**ヒサカキ 142**
トウグミ 218	**ネグンドカエデ 264**	ヒゼンモチ 239
トウジュロ 315	ネズコ 53	**ヒトツバタゴ 293**
ドウダンツツジ 160	ネズミモチ 296	ヒノキ 41
トウネズミモチ 297	ネムノキ 211	ヒマラヤシーダー 24
トウモクレン 63	ノグルミ 223	**ヒマラヤスギ 24**
トキワコブシ 69	**ノリウツギ 171**	**ヒマラヤトキワサンザシ 205**
トキワサンザシ 204	**は行**	ヒメアオキ 227
トキワマンサク 92	ハウチワカエデ 259	**ヒメコウゾ 106**
トサミズキ 89	**ハクウンボク 169**	ヒメコブシ 67
トチノキ 254	ハクショウ 35	**ヒメシャラ 144**
トドマツ 30	**ハクモクレン 62**	**ヒメユズリハ 97**

318

ヒメリンゴ 195
ヒュウガミズキ 88
ヒヨクヒバ 44
ピラカンサ 203, 204, 205
ビワ 192
フイリアオキ 227
フイリアセビ 162
フイリマサキ 237
フウ 94
フクラシバ 242
フシノキ 271
'フジノミネ' 137
ブドウガキ 166
ブナ 124
フヨウ 153
ブラシノキ 226
プラタナス 85, 86, 87
ブンゲンストウヒ 27
ヘダマ 40
ベニウツギ 312, 313
ベニバナクサギ 291
ベニバナトキワマンサク 92
ベニバナトチノキ 255
ベニバナニシキウツギ 312
ベニヤマザクラ 179
ヘボガヤ 40
ホオノキ 70
ボケ 191
ホソバイヌビワ 110
ホソバタイサンボク 61
ホソバタブ 80
ホソバノキワサンザシ 203
ホソバヒイラギナンテン 82
ボダイジュ 150
ボタンクサギ 291
ボックスウッド 247
ポプラ 157
ホルトノキ 147
ホンサカキ 141
ホンツゲ 246
ホンマキ 38
ホンユズ 278

ま行
マキバブラシノキ 226
マグワ 105
マサキ 237
マテバシイ 114
マメガキ 166
マメキンカン 280
マメツゲ 245
マユミ 236
マルバアキグミ 220
マルバシャリンバイ 206
マルミキンカン 280
マルメロ 190
マロニエ 255
マンサク 90
ミカン 276
ミザクロ 224
ミズキ 230
ミズナラ 122
ミヤマガマズミ 309
ミヤマザクラ 178
ムクエノキ 98
ムクゲ 154
ムクノキ 98
ムクロジ 253
ムラサキシキブ 288
ムラサキハシドイ 305
メタセコイア 50
メダラ 284
メマツ 32
モガシ 147
モクレン 63
モチノキ 241
モッコク 146
モミ 22
モミジバスズカケノキ 86
モミジバフウ 95
モモ 172
モリシマアカシア 209

や行
ヤエザクロ 225
ヤシャブシ 129
ヤツデ 287

ヤバネヒイラギモチ 239
ヤブツバキ 134
ヤブニッケイ 74
ヤマウルシ 266
ヤマグワ 104
ヤマコウバシ 78
ヤマザクラ 180
ヤマツバキ 134
ヤマトタチバナ 275
ヤマナシ 197
ヤマナツメ 252
ヤマハゼ 269, 270
ヤマハンノキ 130
ヤマボウシ 229
ヤマモミジ 257
ヤマモモ 111
ユキツバキ 135
ユズ 278
ユスラウメ 189
ユズリハ 96
ユリノキ 60
ヨウシュオウトウ 177

ら行
ライラック 305
ラカンマキ 37
ラクウショウ 52
ラクヨウマツ 25
ランシンボク 272
リュウキュウハゼ 268
リュウキュウマメガキ 167
リラ 305
リンゴ 196
ロウノキ 268
ロウバイ 72
ローレル 81

わ行
ワジュロ 314
ワナシ 197

■著者 岩崎 哲也（いわさき てつや）

1965年埼玉県生まれ。都市のみどりと生きものが急速に失われていくのを感じながら、小学~大学時代を東京都狛江市で過ごす。明治大学農学部農学科卒業後、千葉大学大学院園芸学研究科環境・緑地学専攻。1991年より公園・緑地の設計事務所にて設計および植物・生物調査等に従事、その後東馬区の団体職員を経て、兵庫県立大学大学院緑環境マネジメント研究科・淡路景観園芸学校准教授。農学博士。一級ビオトープ施工管理士。日本樹木医会理事。著書に「磯の生物 飼育と観察ガイド」（文一総合出版）など。

※本書に関するご感想などがございましたら、
iwasakiikimono@gmail.com（受信専用）にお願いします。

■参考文献 1)中村貞一(1948):樹林防火力の研究—第1報 緑地用樹木の葉の含水率と脱水時間についての比較実験:造園雑誌12(1),13-17 2)木村英夫、加藤和男(1949):樹木の防火性に関する研究:造園雑誌11(1),11-15 3)北村四郎、村田源(1971)原色日本植物図鑑：本本編1,2,保育社,大阪 4)北村文雄、奥水肇、中村恒雄、藤田昇(1982)都市樹木大図鑑:誠文堂,東京,545pp 5)岩河信之(1983):樹木の防火機能に関する研究—樹葉の耐火限界:造園雑誌46(5),152-157 6)大井次三郎(1983)新日本植物誌 顕花篇:至文堂,東京,1716pp 7)本間啓、坂崎信之、川上幸男、北沢清、金井弘夫(1983):続樹の本:アボック社,東京,144pp 8)亀山章、馬場多久男(1987):冬芽でわかる落葉樹:信濃毎日新聞社,長野市,284pp 9)塚本洋太郎(1988):園芸植物大事典1〜6,東京,小学館 10)村田源、平野弘二(1988):冬の樹木:保育社,東京 11)小林富士雄、滝沢幸雄(1991):緑化木・材木の害虫:養賢堂,東京,187pp 12)(社)日本植木協会編(1992):緑化樹木の生産技術･第2集 落葉広葉樹編；(財)日本緑化センター,200pp 13)佐竹義輔、原寛、亘理俊次、冨成忠夫(1993):日本の野生植物木本：平凡社,東京 14)都市緑化技術開発機構、特殊緑化共同研究会(1996):NEO-GREEN SPACE DESIGN③：誠文堂新光社,東京,190pp 15)勝木俊雄(2001):日本の桜：学習研究社,東京,256pp 16)林弥栄,耕上能力,菱山忠三郎,西田尚道(2003)樹木見分けのポイント図鑑:講談社,東京,335pp 17)林将之(2004):葉で見わける樹木:小学館,東京,255pp 18)濱野周泰(2005):葉っぱでおぼえる樹木 原寸図鑑：柏書房,東京,334pp 19)大原隆明(2009):サクラハンドブック：文一総合出版,東京,88pp 20)米倉浩司、梶田忠(2003):BG Plants:http://bean.bio.chiba-u.jp/bgplants/ylist_main.html.2012/2/1参照 21)国土交通省国土技術政策総合研究所(2004):わが町の街路樹V:http://www.nilim.go.jp/lab/bcg/siryou/tnn/tnn0149.htm.2010/3/1参照

■写真引用等 p.29エゾマツ 葉、全景／国営滝野すずらん丘陵公園 p.81ゲッケイジュ 液果／岩谷美苗 p.143ハマヒサカキ 花／岩谷美苗 p.189ユスラウメ 核果／竹島佐絵子 p.209モリシマアカシア 花／岩谷美苗

■編集 水野昌彦

ポケット図鑑 都市の樹木433

2012年4月30日 初版第1刷発行
2014年8月20日 初版第2刷発行
2019年11月20日 初版第3刷発行

著者 岩崎 哲也
発行者 斉藤 博
発行所 株式会社 文一総合出版 〒162-0812 東京都新宿区西五軒町2-5
電話 03-3235-7341 ファクシミリ 03-3269-1402
郵便振替 00120-5-42149
印刷 奥村印刷株式会社

乱丁・落丁本はお取り替えいたします。
©Tetsuya Iwasaki 2012　ISBN978-4-8299-1187-7　Printed in Japan

JCOPY ＜(社)出版者著作権管理機構 委託出版物＞

本書（誌）の無断複写は著作権法上での例外を除き禁じられています。複写される場合は、そのつど事前に、(社)出版者著作権管理機構（電話 03-3513-6969、FAX 03-3513-6979、e-mail: info@jcopy.or.jp）の許諾を得てください。また本書を代行業者等の第三者に依頼してスキャンやデジタル化することは、たとえ個人や家庭内の利用であっても一切認められておりません。